U0883648

化工工程实训与虚拟仿真

主　编　刘　超
副主编　张大伟　姚路路
编　委　杨保俊　吴雪平　姚运金

合肥工业大学出版社

图书在版编目(CIP)数据

化工工程实训与虚拟仿真/刘超主编. --合肥:合肥工业大学出版社,2025.7.
ISBN 978-7-5650-7187-4

Ⅰ.TQ02

中国国家版本馆 CIP 数据核字第 2025EG5659 号

化工工程实训与虚拟仿真

HUAGONG GONGCHENG SHIXUN YU XUNI FANGZHEN

刘　超　主编　　　　责任编辑　刘　露

出　版	合肥工业大学出版社	版　次	2025 年 7 月第 1 版
地　址	合肥市屯溪路 193 号	印　次	2025 年 7 月第 1 次印刷
邮　编	230009	开　本	787 毫米×1092 毫米　1/16
电　话	党政办公室：0551-62903005	印　张	9.75
	营销与储运管理中心：0551-62903198	字　数	208 千字
网　址	press.hfut.edu.cn	印　刷	安徽联众印刷有限公司
E-mail	hfutpress@163.com	发　行	全国新华书店

ISBN 978-7-5650-7187-4　　　　定价：40.00 元

前　言

化学工程与工艺是一门研究化学工业生产过程中的共同规律，并通过化学方法改变物质组成或性质来生产化学产品的一门工程学科，集化学、物理、数学、工程学等多学科于一体，具有突出的工程实践性。化工工程实训与虚拟仿真课程将化学反应、化工单元操作、化工过程与设备、工艺过程系统模拟优化等知识贯穿结合，进一步规范学生在操作中有关安全、环保、操作等过程，培养学生系统工程认知的设计理念，考虑到一些比较难以实际开展的实训过程，再通过虚拟仿真的手段为学生提供更多的线上线下教学设计体系，引入更多现代化的智能操作，对培养学生从事科学研究、产品开发的能力，在精细化学品、有机无机产品、气体环保、涂料及应用、高分子化学与工艺等领域的研发和应用能力，以及设计、优化与管理能力具有重要意义。

书中以产品工程工艺为主线，涵盖化工安全和化工工程实训的基础知识以及反应器的结构、分类、操作与故障解决方法。全书内容主要包括：通过反应器设计制备水溶性聚乙烯醇缩甲醛胶黏剂；管路拆装的基础知识，管子、管件、阀门的分类与加工方法，管路的连接方式，管路的布置与安装，并通过布置的管路计算系统误差；以硫酸钙、碳酸钠为原料制备轻质碳酸钙的典型无机反应，介绍无机反应-分析系统的基础知识、工艺流程及操作规程，并计算制备过程的原料消耗定额及能量消耗定额；以乙酸和乙醇为原料，以硫酸为催化剂，制备乙酸乙酯的经典有机反应，介绍有机反应-分析系统的基础知识、工艺流程及操作规程，并计算制备过程的原料消耗定额及能量消耗定额；模拟烟气中 CO_2 的脱除及吸收塔动态吸收操作，解吸塔的动态操作及解吸过程工艺参数，如解吸温度、时间、进料量等对吸收剂解吸效果的影响，介绍气体吸收-解吸净化系统的基础知识、设备结构、工作原理及操作规程；采用固定床反应器进行喷氨选择性催化还原脱除燃煤烟气中 NO_x 的典型催化反应工程，控制并测量体系中的流量、压力、温度及液位等工艺参数在线检测气体混合物中的目标组分浓度，介绍多相催化反应评价系统的基础知识、设备结构、工作原理及操作规程；多功能环保型精细化工实训的基础知识、设备结构、工作原理及操作规程，利用已有配方进行液体精细化工产品的复配，改变配方中各物质的相对含量或加入新的组分，对液体精细化工产品配方进行改进，并能够生产合格液体精细化工产品；各实训平台的虚拟仿真建设与使用效果评价。每个部分包括了基本的仪器使用和过程控制原理，化学反应过程和反应方程式，控制副产物的方法和操作过程的重要注意事项。让学生通过理论学习和实践教学对化工生产过程和管路拆装过程有初步的了解，结合实验课讲授的知识，可以将学生在大学期间学过的相关基础课程和基础实验课程进行一定的融会贯通，全面提高工科背景下的大学生系统认知能力和动手操作能力，填补了从实验室过渡到化工工程实训中的基础技能培训，极大地促进了大学生在化工过程中对实际操作认知体系的理解，既提高其动手能力，又培养其工程理念，锻炼其分析问题和解决问题的能力。

本书由合肥工业大学刘超担任主编，张大伟、姚路路担任副主编，杨保俊、吴雪平、姚运金三位老师参与了教材的编写。在编写过程中，编者参阅了很多文献资料，借鉴了合肥工业大学化工实习实训教研室老师编写的《化工技能训练指导讲义》和《化工工程实训指导讲义》等实验讲义，感谢西北化工研究院机械厂、莱帕克（北京）科技有限公司和北京东方仿真软件技术有限公司在装置设计和技术上的支持，在此对所有给予本书帮助的人们表示衷心的感谢。尽管我们在编写中尽心尽力，但由于水平和精力有限，书中难免存在疏漏和不足，恳请读者批评指正。

编　者

2024 年 9 月

目 录

第一章 绪 论

一、化工工程实训与虚拟仿真的特点和意义

化工工程实训与虚拟仿真是化学工程与工艺、高分子材料与工程、应用化学、能源化学工程、制药工程等专业必修的专业实验课程，是学生在学习完化工原理、有机化学、无机化学、物理化学、化工仪表及自动化、化工制图、化工热力学等专业基础课程的基础上，系统了解化工生产过程的基本特点，初步掌握化工产品生产过程的一门课程。通过这门课程的学习，学生能够学会简单的化工管路安装和拆卸的方法，了解各种工具、管件、阀门的选用原则和使用方法；加强对化工过程中非均相反应-分离过程的认识，了解并掌握相应化工生产过程及各个生产环节的相互联系，强化对化工过程中的反应、分离、干燥等化工单元操作过程及各个操作过程相互匹配关系的认识，再辅以分布式控制系统（DCS）数据采集平台和虚拟仿真系统，利用实物、半实物或全数字化动态模型模拟化工工程生产动态过程的虚拟仿真软件，在提高学生的动手能力、设计能力、工程理念和系统工程集成能力的同时，增强学生的团队协作意识和协同能力。

随着工业的迅速发展，现代化工生产过程正在向规模化、复杂化、连续化、智能化等方向发展，传统的产业结构在资源全球化和技术全球化的大环境中不断调整，尤其是在日益严峻的环保要求、安全要求下，大量的新技术、新工艺在化工行业得到应用。而化工企业生产的新技术、新工艺和新产品的研发升级都是以化工原理、化工工程实训为基础，是培养学生工程实践能力、工程设计能力、工程操作技能和创新能力的有效途径。

化工工程实训与虚拟仿真课程重点讲述了基本仪器的使用和过程控制原理、化学反应过程和反应方程式、控制副产物的方法和操作过程，既可以开展与实际工厂生产相似的理论与实践教学，也可以通过数字化和智能化虚拟仿真软件模拟工厂生产进行实训，在培养学生专业技能的同时，提高学生的工程实践意识从而提升人才培养质量。

二、实验室安全准则

在实验室学习、工作的所有人员均对实验室安全和自身安全负有责任。所有人均需遵守各项安全管理制度，做好实验项目安全状况自我申报工作，严格按照实验操作规程或实验指导书开展实验，配合各级安全责任人做好实验室安全工作，排除安全隐患，避免安全事故的发生。

所有进入实验室工作的师生员工需接受实验室安全知识培训，参加学校相关部门或所在院（系）组织的实验室安全教育；了解实验室安全应急程序，参加突发事件应急处理等演练活动；知晓应急电话号码、应急设施和用品的位置，掌握正确的使用方法。临时来访人员须遵守实验室的安全规定。

危险化学品是指按照国家有关标准规定的具有毒害、腐蚀、爆炸、燃烧、助燃等性质，对人体、设施、环境具有危害的剧毒化学品和其他化学品。实验人员应认真贯彻《危险化学品安全管理条例》和《常用化学危险品储存通则》等有关规定，确保使用安全。使用危险化学品时必须做到“四无一保”，即无被盗、无事故、无丢失、无违章、保安全。对于剧毒、放射性、易制毒等危险物品的存储必须严格采取安全措施，使用时实行指导教师“双人保管、双人收发、双人使用、双人运输、双把锁、双本账”的“六双”管理制度。

承压气瓶使用前应进行安全状况检查，不符合安全技术要求的气瓶严禁存放和使用。易燃气体气瓶与助燃气体气瓶不得混合保存和放置；易燃气体及有毒气体气瓶必须安放在符合贮存条件的环境中，配备监测报警装置。各种压力气瓶竖直放置时，应采取防止倾倒的措施。对于超过检验期的气瓶应及时清理、送检。

易燃易爆物品的包装物、容器，必须符合国家有关规定保持完好，发现有破损、泄漏等现象，应立即进行安全处理，防止事故发生。存放易燃易爆物品的实验室须配备与库存物品相适应的灭火器材；采用防火、防爆照明灯具；严禁进行电焊、氧焊、金属切割等一切易产生火花的施工作业。

实验过程中应科学规范地做好实验废弃物收集和暂存工作，对实验废弃物实行分类收集和存放，做好无害化处理、包装和标识，定时送往相应的回收站。不得随意排放废气、废液、废渣和噪声，不得污染环境，不得将有害实验废弃物倒入下水道或混入生活垃圾当中。在实验过程中排放的有毒有害物质和烟尘，应根据其特性选择正确的吸收和排放方式，强化通风、除尘和防护设备的管理，确保人身和环境安全。

实验室内各类仪器应定期维护、保养，并做好记录。对于高温加热、大功率用电、强辐射、高速运动等有潜在危险的仪器设备尤其要加强管理，并采取严密的安全防范措施；对于服役时间较长且存在较大安全隐患的仪器设备应及时报废，消除安全隐患。对于自行设计制造或改装的仪器设备，要充分考虑安全因素，并严格按照设计规范和国家相关标准进行设计和制造，防止安全事故的发生。

实验室内应使用空气开关并配备必要的漏电保护器；电气设备应配备功率足够的

电气元件和承载电线，不得超负荷用电；电气设备和大型仪器须接地良好，对用电线路和开关、插座等电气元件要定期检查并及时排除隐患。对于使用高压电源的实验场所，须严格执行安全操作规程，落实防护措施。实验室固定电源插座未经允许不得拆装、改线，不得乱接、乱拉电线，不得使用闸刀开关、木质配电板等。

实验室要提倡节约用水、安全用水的理念。杜绝自来水龙头打开而无人监管的现象，要定期检查上下水管路，避免发生因管路老化、漏水、堵塞等情况所造成的安全事故。

三、化工工程实训与虚拟仿真安全守则

(1) 遵守实验室的规章制度，实验前需接受安全教育；认真预习，阅读实验课教材和实验指导书；所有仪器设备在使用前一定要按操作说明书安装、调试、检查。

(2) 实验操作时按规定做好个人防护，穿戴专用实验服、手套、护目镜和安全帽，防止烫伤、砸伤。

(3) 了解实验室安全标志及安全防护措施，正确操作仪器、阀门、控制柜等机械设备，防止人员和设备损伤。

(4) 规范药品的使用和存放，实验中部分化学药品具有毒性，注意正确使用；实验室中易燃、易爆化学物质应远离明火及高温场地存放；化学药品、实验制品不得私自带出实验室。

(5) 不得在实验室内饮食、吸烟和打闹，不得在实验室从事与实验教学、科学研究无关的任何活动，认真观察实验现象，规范实验操作流程，如实记录实验数据，一旦发现实验或仪器出现异常情况要及时向指导教师报告。

(6) 实验结束后应保持清洁整齐，仪器设备摆放合理，关闭各仪器设备及水电气，处理好实验材料、实验剩余物和废弃物，及时清除室内外垃圾，填写仪器使用登记表，打扫室内卫生，按规定分类处置实验室废弃物，查看仪器设备、水、电、气和门窗等安全状况，经指导教师检查合格后方可离去。

四、常见事故处理方法及应急预案

1. 可燃性气体泄漏

(1) 迅速关闭燃气阀门，切断泄漏源。

(2) 打开门窗流通空气，使房间燃气浓度尽快降低。

(3) 迅速疏散附近人员，防止发生爆炸，造成人员伤亡。

2. 电器着火

(1) 迅速切断电源，以免发生触电或电器爆炸。

(2) 选用干粉灭火器或气体灭火器进行灭火。

3. 触电现场急救

（1）使触电者脱离电源：应立即关闭电源开关，切断电源，用干燥木棍挑开电线或拉下电闸。救护人员注意穿上胶底鞋或站在干燥木板上，想方设法使伤员脱离电源，高压线需移开 10 米，方能接近伤员。

（2）检查伤员：触电者脱离电源后应迅速将其转移到通风干燥的地方仰卧，并立即检查伤员情况。

（3）急救并求医：根据受伤情况确定处理方法，对心跳呼吸停止的立即就地采用人工心肺复苏方法抢救，并及时拨打医疗救护电话 120，应坚持不懈地做心肺复苏，直到医生到达。

4. 化学品腐蚀事故处理方法

应迅速除去被污染衣物，及时用大量清水冲洗或用合适的溶剂、溶液洗涤受伤面，保持创伤面的洁净，以待医务人员治疗。若有化学品溅入眼内，应立即用水冲洗，如果只进入单侧眼睛，冲洗时，水流应避免流经未受损的眼睛。

5. 吸入性化学品中毒事故处理方法

首先采取果断措施切断毒源（如关闭管道阀门、堵塞试剂瓶等），打开门窗，降低室内毒物浓度。救护者在进入毒区抢救之前，应戴好防护面具，穿好防护服，尽快转移病人，阻止毒物继续侵入人体，采取相应措施进行现场应急救援，同时拨打 120 电话求救。

第二章　化工工程实训安全教育

第一节　化工工程实训安全常识

一、化工安全生产总则

化工安全生产总则旨在确保化工生产过程中人员、设备、环境的安全，保护员工的生命安全和健康，确保设备和财产的安全，防止环境污染，防止事故的发生。化工工程实训中化工安全生产具有易燃易爆和有腐蚀性毒性的物料多、工艺过程复杂、操作要求严格、有特殊要求的设备多、内外部环境治理任务重等特点，其中化学品生产过程中的原料、半成品、副产品、产品和废弃物大都是具有易燃、易爆、有毒、有害等危险特性的危险化学品。化学品的危险性决定了其生产过程中如果防范措施不到位就会容易发生爆炸、火灾、急性中毒（窒息）、慢性中毒（职业病）、化学灼伤、噪声和粉尘（职业病）等情况。和其他行业相比，化工生产各环节潜在的不安全因素较多，安全问题较为突出，任何一项设备隐患、制度缺陷、个人违章或操作失误都可能造成安全事故的发生。

化工生产过程中若发生火灾、爆炸、中毒或者灼伤等安全事故，轻则会造成物料损失、设备损坏、生产停顿，重则可能导致严重的人员伤亡和环境污染，产生难以挽回的后果。化工生产中涉及的化学反应和工艺相对复杂，包括氧化、还原、氢化、硝化、水解、磺化、胺化等化学反应，以及反应、输送、过滤、蒸发、冷凝、精馏、提纯、吸附、干燥、粉碎等多个化工单元操作。因此，在实际化工安全生产过程中，首先要保护生产人员的安全和健康，防止工伤事故和职业性危害；其次要防范其他各类事故的发生，确保生产装置的连续、正常运转，保护国家财产不受损失。牢固树立“安全第一、预防为主、综合治理”的观念，强化安全意识，提高安全素质，掌握安全知识，培养安全技能，提高技术水平，积极营造一个和谐的安全生产环境，遵章守纪，积极改善劳动条件，增强法治观念，自觉遵守法律法规。

二、化工生产的防火防爆

化工生产中的防火防爆工作是一项系统工程，通过了解物质燃烧和爆炸的基础知识，并采取有效的防火防爆措施，能够大大降低火灾爆炸事故的风险，保障化工生产的安全运行。在化工生产中，由于高温、高压及易燃易爆物质等因素的存在，火灾爆炸事故屡屡发生。近几年的事故统计分析表明：火灾爆炸事故一直高居各类事故之首。作为化工从业人员，必须更多地了解物质燃烧、爆炸等基础知识，掌握防火防爆基本措施，持续学习和掌握更多的安全知识和实用技能，才能充分保障化工生产的安全运行，承担保障自身和他人安全的重要责任。

物质发生燃烧需要同时具备可燃物、助燃物、着火源三个条件，灭火的基本原理则是消除上述三个条件中的任何一个条件，就能有效地阻止火灾及爆炸事故的发生。这三要素通常被称为“火三角”，其中可燃物是指任何能够燃烧的物质，例如木材、纸张、布料、油类、气体等，在防火措施中，尽量减少可燃物的存储量和暴露范围是重要的步骤；助燃物是指能够支持和加速燃烧的物质，最常见的就是氧气，控制助燃物的浓度和流通是防火的重要手段；着火源是指能够引发可燃物燃烧的能量来源，如明火、电火花、高温表面、摩擦热等，减少或消除着火源，特别是在易燃易爆场所，是防止火灾的核心措施。

因此，实训过程中需定期清理纸张、原材料、试剂等可燃物，按规定储存和处理易燃物品，同时确保良好的通风，避免助燃气体积聚，还要严格控制火源管理，禁止在易燃环境中吸烟，定期检查电气设备和线路，防止电火花产生。

三、化工灭火常识

在化工生产过程中，要求每一名化工人员，在做好防火工作的同时，还必须掌握化工灭火的基本常识，以便能及时有效地扑灭各种因素引起的火灾。同时，生产现场配备一定数量的消防物品和灭火器材。

灭火的基本方法主要包括隔离法、冷却法、窒息法和化学反应中断法等。隔离法是将燃烧物与附近的可燃物隔离或疏散开，使火势不能蔓延，燃烧停止；冷却法是将灭火剂直接喷洒在燃烧着的物质上，使可燃物的温度降低到燃点以下，从而使燃烧停止；窒息法是阻止助燃气体（如空气等）进入燃烧区域或使用惰性气体降低燃烧区助燃物（氧气）的含量，使燃烧因缺乏助燃物而熄灭；化学反应中断法（抑制灭火法）是将抑制剂掺入燃烧区域，参与燃烧的连锁反应，使燃烧过程中产生的自由基消失，从而使连锁反应中断，燃烧终止。抑制灭火常用的灭火剂有干粉及卤代烷烃。常用灭火剂有水、水蒸气、泡沫、二氧化碳、干粉、卤代烷烃等。

扑救火灾的一般原则：报警早，损失小；边报警，边扑救；先控制，后灭火；先救人，后救物；防中毒，防窒息；听指挥，莫惊慌。火灾初期是扑灭火灾的最佳时机，在初期发现并迅速报警，可以最大限度地减少火灾造成的损失，同时拨打火警电话，准确告知火灾的具体位置、火势情况、起火原因（如已知）以及是否有被困人员等信息，并利用就近的灭火器材（如灭火器、灭火毯、消防沙、消火栓等）进行初步扑救，争取时间控制火势，待火势得到初步控制后，再集中力量彻底扑灭火源，确保火灾不会死灰复燃。在火灾中，人的生命安全永远是第一位的，必须先确保人员的安全撤离和救助，使用专用呼吸防护设备，在确保人员安全的前提下，再考虑抢救重要物资和设备。火灾中产生的烟雾和有毒气体是主要的致命因素，尽量避免吸入，疏散时需用湿毛巾捂住口鼻，低姿态迅速撤离。在火灾现场，要听从现场指挥员的指挥有序行动，避免慌乱和盲目行动，同时保持冷静，迅速判断和选择安全的疏散路线，不要惊慌失措。

电器火灾扑救时需格外注意确保自己不接触带电部分，先切断电源再灭火，迅速找到并切断电源开关或拔掉电器的电源插头，以防火势蔓延和电击，高温电器不能用水扑救，如烘箱、管式炉、马弗炉等，因为水会导电，可能引发电击危险，还可能导致电器爆裂、设备损坏，甚至引发更大范围的火灾。精密仪器设备应尽量采用二氧化碳灭火等无污染的扑救方式，不会留下残留物，对精密仪器和电子设备无污染。气溶胶灭火器也适用于精密设备，但需确保其适用性且不会对设备造成腐蚀或污染。在扑救过程中，应注意控制灭火剂用量，避免过多的灭火剂对设备造成潜在的物理损害或影响设备的后续使用。火灾扑灭后，请专业技术人员检查电路和电器设备，确保没有短路和其他隐患，必要时进行清洁和维修，确保安全后再重新投入使用。

四、化学危险物品的安全管理

化学危险物品的安全管理涉及火灾、爆炸、中毒、环境污染等事故的发生，确保人员和环境的安全是化工工程安全生产的重要一环。为了表示危险货物的标志、规定危险货物包装图示标志的分类图形、尺寸、颜色及使用方法等，我国于 2009 年发布了《中国危险货物包装标志》（GB 190—2009），该标准适用于危险货物的运输包装，是对易爆品、易燃品、有毒物品、腐蚀性物品、放射性物品等危险品在其运输包装上清楚而明确刷制的标志以示警告，便于装卸人员、运输人员和保管人员按货物特性采取相应的防护措施，旨在确保危险货物在运输过程中的安全。危险货物包装标志包括主标志和副标志，主标志有 16 种，用于表示危险货物的危险特性，而副标志有 10 种，用于补充说明其他危险性。这些标志的设计考虑了图案、文字说明、底色和危险货物类别号等因素，以确保清晰传达货物的潜在危险。

在实际应用中，不同类型的危险货物有不同的标志要求。例如，爆炸品标志的图形为黑色，底色为橙红色，用于指示包装体内有爆炸品，可能在受到高热、摩擦、冲击或其他物质接触后发生剧烈反应，产生大量气体和热量而引起爆炸。易燃气体标志的图形为火焰形状，底色为红色，用于表示包装体内为容易燃烧并因冲击、受热而产生气体膨胀，有引起爆炸和燃烧危险的气体。这些标志的使用有助于增强运输过程中的安全性，减少事故发生的可能。

五、化工安全用电

化工现场触电事故的发生，主要原因有以下三点：一是电气安全的组织措施不健全，缺乏明确的电气安全管理制度和责任分配，导致现场安全管理不严，事故防范措施不到位；二是电气安全防护设施不完善，防护设施如漏电保护器、绝缘防护装置等缺失或失效，使得电气设备在故障时无法有效保护操作人员，增加了触电风险；三是电气安全教育落实不到位，对操作人员的电气安全培训不足，缺乏对电气安全规程的深入理解和执行，导致操作人员在实际操作中未能做到安全防护，从而提高了触电事故的发生率。因此，为了防止触电事故的发生，必须做好这三方面的工作，不可偏废。在实训课程开设前，应对实训的所有电气设备进行检查，应包括以下内容：检查电气设备的绝缘状况，确保没有老化或损坏的情况；确认接地装置完好，接地电阻符合标准；检查所有电缆连接、接头和端子，确保没有松动或腐蚀现象；采用漏电保护装置，定期测试漏电保护器的功能，确保其能够正常工作；使用安全电压，检查设备的负载情况，确保电流在安全范围内，防止过载；保证安全间距，确保电气设备周围没有易燃物，消防设施完好，电气灭火器材是否齐全、有效，正确使用安全用具；建立健全电气安全制度，检查安全标识是否清晰可见，提醒操作人员注意安全。因此，在实训之前，需健全电器安全组织并加强组织管理，完善防护设施及落实安全教育，减少触电事故，保护师生生命财产安全。

六、机械伤害的预防

据统计，机械伤害事故的次数和重伤人数都占化工系统各类事故的第一位。在化工行业中，加强对机械设备的安全管理和风险控制是确保安全运行的必要条件。化工机械设备可分为静止设备和动设备。静止设备如釜、器、罐、塔、炉等，虽然相对安全，但在操作和维护过程中，也需保持警惕，确保安全措施到位；动设备如泵、搅拌器、输送机等，其运动部件和高转速容易导致人员受伤。

防止机械伤害事故的发生必须从安全管理工作入手，加强对设备的安全管理、维护和操作培训，确保操作人员能够识别潜在风险并采取适当的防护措施，防止出现人员的不安全行为和动设备的不安全状态，同时还应在工程技术方面解决动设备的安全防护和安全保险等问题。因此，要从源头上严格安全管理，防止人员的不安全行为，根据各种不同类型的机械设备，按其特点制定安全操作规程，正确使用和维护防护设备；不允许擅自拆卸动机械设备的防护设施，确保设备安全性，防止意外接触运动部件；转动部件未停稳时，不要在该机械设备上进行任何操作，避免误操作引发伤害；不要擅自进入有危险的工作岗位和危险区域，必须按标准设立安全护栏和安全色标；机器电气装置如失灵，必须及时停车检修，避免因故障导致事故；机器设备不得超负荷运转，遵循设备负荷标准，防止过载造成设备损坏或事故；转动部件上不要放置物件，以免开车时物件飞出，发生物体打击事故；正确使用和穿戴个体劳动保护用品，提升自身安全防护能力。

在使用切削机械设备包括车床、镗床、铣床、刨床、钻床、磨床等金属加工机械时，一般应注意以下几点安全要求：从事切削加工的操作人员必须经过专门的安全技术培训，熟悉机床的结构、性能、机械原理及其危险因素，同时还应能熟练操作和进行故障处理；从事切削加工的操作人员必须配备适合其工种要求的工作服、工作鞋、工作帽以及其他的安全防护用品；启动机床前必须进行全面检查，各安全防护装置、保险装置、联锁装置信号指示、冷却润滑系统都必须完好，确保刀具和工件牢固固定，避免在加工过程中松动或移位，确认无误时，方可开车；女同学不得留长辫和披肩长发。工作时必须戴好工作帽，并把头发收拢到帽内。切削操作时，操作人员严禁戴手套、围巾，袖口和衣襟必须扎紧，操作时应集中注意力，避免与他人交谈或分心。实训时保持工作台面和周围环境的整洁，及时清理产生的金属屑和杂物，防止绊倒或滑倒。

第二节　化工工程实训安全事项

一、化工工程实训课程的消防安全

掌握使用火灾报警系统，检查报警系统的功能，确保其正常运行，了解报警系统的工作原理和使用方法，及时响应报警信号，在发生火灾时，迅速启动报警系统，通知他人并拨打消防电话。掌握使用灭火器的技能，知道实训基地灭火器的存放地点，熟悉灭火器的类型和使用方法。根据火源类型选择合适的灭火器，特别是干粉灭火器和二氧化碳灭火器，使用时，拔掉安全销，瞄准火源底部，按下手柄进行灭火。灭火时需注意在扑灭小火时，应先评估火势，确保自己安全后再行动；遇到大火或无法控制的火势，应立即撤离现场，确保人身安全。

二、化工工程实训课程的电器使用安全

在管路拆装实验时规范使用电路控制柜，在拆装前，确保电源已断开，并标记管路以便复原，使用绝缘工具，避免触电风险，检查线路无损坏后再进行操作。使用循环水泵时，确保泵在启动前已经充满水，避免干运转损伤水泵，检查电缆和接线端子，确保无漏电或老化现象。在化工工程实训时规范使用聚合反应电路控制柜，确保所有控制开关处于安全位置，并熟悉应急停机程序，检查电路和传感器，确保反应过程中的安全监控正常，确保电机安装稳固，避免振动导致接线松动，观察温控仪表，确保温度读数准确。同时熟悉自动控制系统的操作界面，了解故障警报及处理方法，在进行实训、维护或调整时确保系统已安全停机。

三、化工工程实训课程的机械使用安全

管路拆装前检查工具的完整性，确保没有损坏或松动。正确使用加工工具，遵循操作规程，避免过度用力。使用适合的工具进行组装，确保工具与管件匹配。操作时保持工作区域整洁，避免工具和零件混乱。搬运管件时，使用合适的手套和护具，确保个人安全，将管件稳妥放置，轻拿轻放避免倾斜或跌落，保持良好的支撑。工具和管件使用完毕后清点收好统一放回原处。

四、化工工程实训课程的反应釜操作安全

实训开始前操作人员应佩戴适当的防护装备（如手套、护目镜、口罩），熟悉紧急停机程序，确保在出现异常情况时能迅速反应，检查反应釜及相关设备（如泵、阀门、电机、冷热水循环系统）是否正常，确保没有漏水、漏气现象，确保操作环境干净整洁，无易燃物和杂物。准备原料时应根据反应配方，准备所需的原料，确保原料质量符合要求，精确计量各原料，确保配比正确。加料时按照操作规程将原料逐步加入反应釜，避免剧烈搅拌或气泡产生，设定反应温度、反应压力和搅拌速度，确保符合反应要求，所有安全阀和泄压装置正常工作，以便在发生异常时及时释放压力。防止爆聚现象发生。在反应过程中，定期检查温度、压力和搅拌状态，记录数据。反应结束时先确认反应是否完成，检查放料口和管路是否畅通，缓慢打开放料阀，确保物料平稳流出，避免急剧放料造成事故。反应完成后，及时清理设备，防止残留物污染。最后详细记录每次反应过程中的数据和异常情况，以备查阅和分析。

五、化工工程实训课程的化学药品安全管理

化工工程实训课程所涉及的化学药品有甲醛、盐酸、聚乙烯醇、乙醇胺、浓硫酸、冰醋酸、无水乙醇、氢氧化钠、碳酸钠、磷石膏、锰系催化剂、脂肪醇聚氧乙烯醚硫酸钠、十二烷基硫酸钠、椰子油脂肪酸二乙醇酰胺、珠光浆、柠檬酸、氯化钠、茉莉味香精、柠檬色素、椰油酰胺丙基甜菜碱、乙二胺四乙酸、薰衣草香精、亮蓝色素、α-烯基磺酸钠、乳化剂 TX－10 等，种类繁多，涵盖普通化学品、危险化学品和易制毒易制爆化学品，实训时须确认课程所需化学品种类和数量，按照《高等学校实验室安全检查项目表》的要求进行存取管理，保障实训实验室和操作人员的安全。

六、化工工程实训课程的事故应急及人身安全

重大安全事故现场应急处理原则为人身安全第一，财产安全其次，小火自救，大火逃生。在遇到火灾或危险时，首先要保护自己的生命安全，尽量帮助他人，但优先考虑自身安全。在确保人身安全的情况下，可以采取措施保护财产，但不应以人身安全为代价。如果火势较小且可控，可以使用灭火器材进行自救，迅速扑灭火

源。当火势无法控制时，应迅速找到安全出口，按照既定逃生路线有序撤离，避免拥挤和恐慌。

危险行为预防需特别注意，严禁在现场抽烟，防止引发火灾，确保工作环境安全；禁止携带易燃易爆物品进入现场，保护现场人员和设施，避免潜在危险；禁止穿高跟鞋进入现场，确保行走安全，降低滑倒或跌倒的风险；严禁现场嬉笑打闹，保持严肃的学习态度；严禁将专用工具用作其他用途；严禁在实习现场使用与实训无关的电器元件；发现问题应立即向老师汇报。

第三章 化工工程生产实训

第一节 基础知识

一个典型的化工生产过程大致有三个部分（图 3－1）组成：①原料的预处理，即按化学反应的要求，将原料进行净化等操作；②化学反应，即将一种或几种反应原料转化为所需的产物；③产物的分离，以获得符合规格的纯净化工产品。其中，①、③部分为物理过程，②部分为化学反应过程。很显然，化学反应是化工生产过程的核心。用来进行化学反应的设备称为化学反应器，化学反应器是化工生产装置中的关键设备。

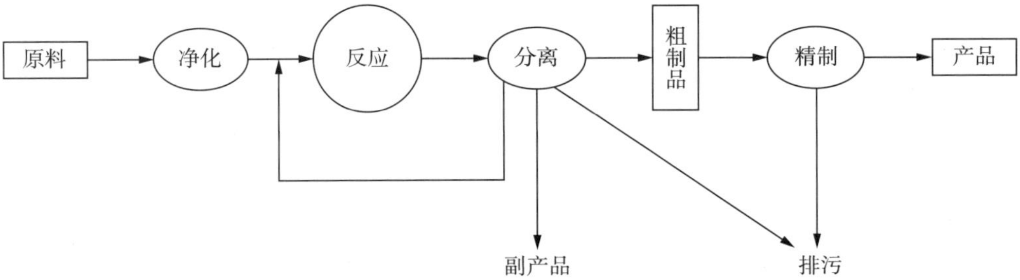

图 3－1 化工生产过程

一、化学反应器的分类

化工、食品、石油等生产涉及化学反应的产品种类繁多，每一种产品都有各自的反应过程与设备。化学反应器的分类方式很多，按结构原理的特点可分为如下几种类型：管式反应器、釜式反应器、塔式反应器（包括板式塔、填料塔、鼓泡塔和喷淋塔反应器等）、固定床反应器、流化床反应器、移动床反应器、滴流床反应器等。图 3－2 为不同类型的化学反应器示意图，表 3－1 为各类化学反应器的应用特点和生产应用举例。

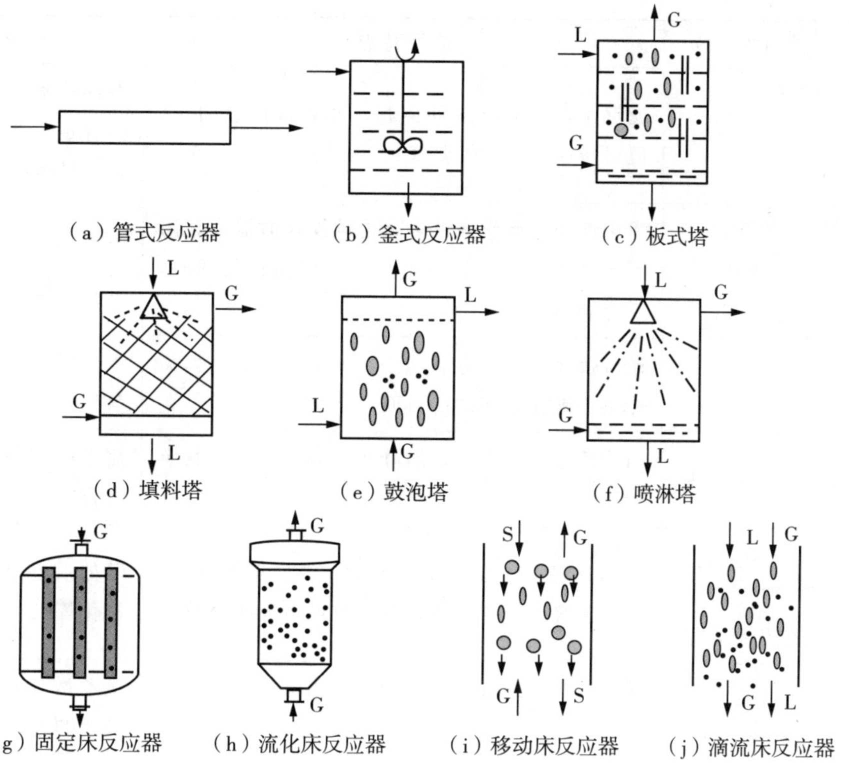

G—气体；L—液体；S—固体。

图 3－2　不同类型的化学反应器

二、化学反应器的操作方式

常用的化学反应器有三种操作方式：间歇（分批）式、连续式和半连续（半间歇）式。

1. 间歇（分批）式操作

采用间歇操作的反应器称为间歇反应器，其特点是进行反应所需的原料应一次性装入反应器内，然后在其中进行化学反应。经过一定时间后，达到所要求的反应程度时卸除全部物料，其中主要是反应产物以及少量未被转化的原料。接着是清洗反应器，继而进行下一批原料的装入、反应和卸料，所以间歇反应器又称为分批反应器。间歇反应过程是一个非定态过程，反应器内物系的组成随时间而变，这是间歇过程的基本特征。

采用间歇操作的反应器几乎都是釜式反应器，其余类型极为罕见。间歇反应器适用于反应速率慢的化学反应，以及产量小的化学品生产过程。对于那些批量少而产品的品种又多的企业尤为适宜，例如生物医药、农药、精细化工等往往就属于这种情况。

表 3－1　各类化学反应器的应用特点和生产应用举例

形　式	适用的反应	应用特点	应用举例
管式反应器	气相、液相	返混小，所需反应器体积较小，比传热面大，但对慢速反应，管要很长，压降大	石油裂解、甲基丁炔醇合成、管式法高压聚乙烯生产等
反应釜、单釜式多釜串联	液相、液液相、液固相	适用性强，操作弹性大，连续操作时温度、浓度容易控制，产品质量均一，但高转化率时，反应器体积大	甲苯硝化、氯乙烯聚合、酯化反应等
板式塔	气相、液相	逆流接触，气液返混均小，流速有限制，如需传热，常在板间加传热面	苯连续磺化、异丙苯氧化等
填料塔	液相、气液相	结构简单，返混小，压降小，有温差，填料装卸麻烦	化学吸收、丙烯连续聚合等
鼓泡塔	气液相、气液固（催化剂）相	气相返混小，但液相返混大，温度较易调节，气体压降大，流速有限制，有挡板可减少返混	苯的烷基化、二甲苯氧化等
喷淋塔	气液相快速反应	结构简单，返混小，压降小，有温差，填料装卸麻烦	氯乙醇制丙烯腈、高级醇的连续磺化等
固定床	气固（催化或非催化）相	返混小，高转化率时催化剂用量少，继化剂不易磨损，传热控温不易，催化剂装卸麻烦	乙苯脱氢制苯乙烯、乙炔法制氧乙烯、合成氨、乙烯法制醋酸乙烯等
流化床	气固（催化或非催化）相	传热好，温度均匀，易控制，催化剂有效系数大，粒子输送容易，但磨耗大，床内返混大、对高转化率不利，操作条件限制较大	萘氧化制苯酐、石油催化裂化、乙烯氧氯化制二氯乙烷等
移动床	气固（催化、非催化）相	圆体返混小，固气比可变性大，粒子传送较易，床内温差大，调节困难	石油催化裂化、矿物的焙烧或冶炼
滴流床	气液固（催化剂）相	催化剂带出少，分离易，气液分布要求均匀，温度调节较困难	丁炔二醇加氢等

2. 连续式操作

连续式操作方式的特征是连续地将原料输入反应器，反应产物也连续地从反应器流出，采用连续操作的反应器称为连续反应器或流动反应器。前面所述的各类反应器都可采用连续操作。连续式操作的反应器多属于定态操作，此时反应器内任何部位的物性参数，如浓度及反应温度等均不随时间变化而改变，但随位置改变而改变。大规模工业生产的反应器绝大部分都是采用连续操作，因为它具有产品质量稳定、劳动生产率高、便于实现机械化和自动化等优点，这些都是间歇操作无法与之相比的。然而连续操作系统一旦建立，想要改变产品品种是十分困难的，有时要较大幅度地改变产品产量也不易办到，但间歇操作系统则较为灵活。

3. 半连续（半间歇）式操作

原料与产物只要其中的一种为连续输入或输出而其余则为分批加入或卸出的操作，均属于半连续式操作，相应的反应器称为半连续反应器或半间歇反应器。由此可见，半连续式操作具有连续操作和间歇操作的某些特征。有连续流动的物料，这点与连续式操作相似；也有分批加入或卸出的物料，因而生产是间歇的，这反映了间歇操作的特点。由于这些原因，半连续反应器的反应物系组成必然既随时间变化而改变，也随反应器内的位置变化而改变。管式、釜式、塔式以及固定床反应器都可采用半连续式操作方式。

三、化工生产中开停车的一般要求

在化工生产中，开停车的生产操作是衡量操作人员技术水平高低的一个重要标准。随着化工先进生产技术的迅速发展，机械化、自动化和智能化水平的不断提高，对开停车的技术要求也就越来越高。开停车进行得好坏、准备工作和处理情况如何，对生产的进程都有直接影响。因此，开停车是生产中最重要的环节。

化工生产中的开停车包括基建完工后的第一次开车，正常生产中的开停车，特殊情况（事故）下突然停车，大中修之后的开车等。

1. 基建完工后的第一次开车

基建完工后的第一次开车，一般按四个阶段进行，分别为开车前的准备工作、单机试车、联动试车、化工试车。下面分别予以简单介绍。

（1）开车前的准备工作

① 施工工程安装完毕后的验收工作；

② 开车所需原料、辅助原料、公用工程（水、电、气等），以及生产所需物资的准备工作；

③ 技术文件、设备图纸及使用说明书和各专业的施工图，岗位操作规程和试车文件的准备；

④ 车间组织架构的建设，人员配备及考核工作；

⑤ 核对配管、机械设备、仪表电气、安全设施、盲板和过滤网的最终检查工作。

（2）单机试车

此过程是为了确认转动和待动设备是否合格好用，是否符合有关技术规范，如空气压缩机、制冷用氨气压缩机、离心式水泵和带搅拌设备等。

单机试车是在不带物料和无载荷的情况下进行的。首先断开联轴器，单独开动电动机，运转48小时，观察电动机是否发热、振动，有无杂音，转动方向是否正确等。当电动机试验合格后，再和设备连接在一起进行试验，一般也运转48小时（此项试验应以设备使用说明书或设计要求为依据）。在运转过程中，经过细心观察和仪表检测，均达到设计要求时（如温度、压力、转速等）即为合格。如在试车中发现问题，应会同施工单位有关人员及时检修，修好后重新试车，直到合格为止，试车时间不准累计。

（3）联动试车

联动试车是用水、空气或者与生产物料相似的其他介质，代替生产物料所进行的一种模拟生产状态的试车，目的是检验生产装置连续通过物料的性能是否正常，当不能用水试车时，可改用煤油等代替介质。联动试车时也可以给水进行加热或降温，观察仪表是否能准确地指示出通过的流量、温度和压力等数据，以及设备的运转是否正常等情况。联动试车可以暴露出实验装置在设计和安装过程中的一些问题，待这些问题解决以后，再进行联动试车，直至流程畅通为止。联动试车结束后要把水或煤油放空，并清洗干净。

（4）化工试车

当以上各项工作都完成后，则进入化工试车阶段。化工试车是按照已制定的试车方案，在统一指挥下，按化工生产的前后顺序进行，化工试车因生产类型的不同而各异。

综上所述，一个化工生产装置的开车是一个非常复杂也很重要的生产环节。不同生产类型的开车步骤并非一样，要根据具体地区、部门的技术力量和经验，制定切实可行的开车方案。正常生产检修后的开车和化工试车相似。

2. 停车及停车后的处理

在化工生产中停车的方法与停车前的状态有关，不同状态下对应的停车的方法及停车后的处理方法也就不同。一般有正常停车、局部紧急停车和全面紧急停车三种方式。

（1）正常停车

生产进行一段时间后，设备需要进行常规检查或检修而进行的有计划的停车，称为正常停车。这种停车通常是先逐步减少物料的加入，直至完全停止加入，待所有物料反应完毕后，开始处理设备内剩余的物料。处理完毕后，停止供气供水并降温降压，最后停止转动设备的运转，使生产完全停止。

停车后，对于某些需要进行检修的设备，要用盲板切断该设备上物料管线，防止可燃气体、液体物料泄漏而造成事故。检修设备动火或进入设备内检查，要把其中的物料彻底清洗干净，并经过安全分析合格后方可进行。

（2）局部紧急停车

生产过程中在一些想象不到的特殊情况下的停车称为局部紧急停车。例如某设备发生损坏、某部分电气设备的电源或开关发生故障、某一个或多个仪表失灵等，都会造成生产装置的局部紧急停车。

当这种情况发生时，应立即通知前步工序采取紧急处理措施，把物料暂时储存或向事故排放部分（如火炬、放空等）进行排放并停止入料，转入停车待生产的状态，此时需要特别注意绝对不允许再向局部停车部分输送物料，以免造成重大事故。同时，立即通知下步工序，停止生产或处于待开车状态。此时，各部门需联动积极抢修，排除故障，待停车原因查明并清除故障后，再按照化工开车的程序恢复生产。

（3）全面紧急停车

当生产过程中突然发生停电、停水、停气或发生重大事故时，则要全面紧急停车。这种停车事前是无法预知的，操作人员要尽力保护好设备，防止事故的发生和扩大。对于有危险的设备，如高压设备应进行手动操作，以排出物料；对于有凝固危险的物料要进行人工搅拌，如聚合釜的搅拌器可以人工推动，并使本岗位的阀门处于正常停车状态；对于自动化程度较高的生产装置，在车间内备有紧急停车按钮，并和关键阀门联锁在一起。当发生紧急停车时，操作人员一定要以最快的速度去按这个按钮。为了防止全面紧急停车的发生，一般的化工厂均有备用电源，当第一电源断电时，第二电源应立即启用开始供电。

由上述可知，化工生产中的开停车是一个很复杂的操作过程，且随生产的品种不同而有所差异，这部分内容必须严格编写到生产车间的岗位操作规程中。

第二节 搅拌釜式反应器

一、简介

1. 搅拌釜式反应器在化工生产中的作用

装有搅拌器的釜式设备（或称槽、罐）是化学工业中广泛采用的反应器之一，它可用来进行液液均相反应，也可用于液相、液固相、气液相、气液固相等非均相反应，其普遍应用于石油化工、橡胶、农药、染料、医药等工业，用来完成磺化、硝化、氢化、烃化、聚合、缩合等工艺过程，以及用作有机染料和中间体等许多工艺过程的反应设备。世界上约90％的聚合反应过程采用搅拌釜式反应器，例如在美国70％以上的聚氯乙烯是通过悬浮法生产，其生产设备则是采用10～150 m^3的搅拌釜；而在德国通过悬浮聚合法生产的氯乙烯则是采用200 m^3的大型搅拌釜；在中国生产的聚氯乙烯大多是采用13.5 m^3、33 m^3不锈钢或复合钢板的聚合釜，以及7 m^3、14 m^3的搪瓷釜。在精细化工生产领域中，几乎所有的单元操作都可以在搅拌釜式反应器内进行。

搅拌釜式反应器的应用范围之所以广泛是因为这类反应器具有结构简单、加工方便、传质效率高、温度分布均匀、操作条件（如温度、浓度、停留时间等）的可控范围较广、操作灵活性大、便于更换品种、能适应多样化的生产等优点。

2. 搅拌釜式反应器的分类

（1）按操作方式进行分类

搅拌釜式反应器按操作方式可分为间歇（分批）式、半连续（半间歇）式和连续式操作。搅拌釜式反应器可以进行间歇式操作，一次性加入所有反应物料，在一定的反应条件下，经过一定的反应时间，当达到所要求的转化率时，取出全部产物，如图3-3（a）所示。间歇式操作设备利用率不高，劳动强度大，只适用于小批量、多品种生产，在染料及制药工业中广泛采用。

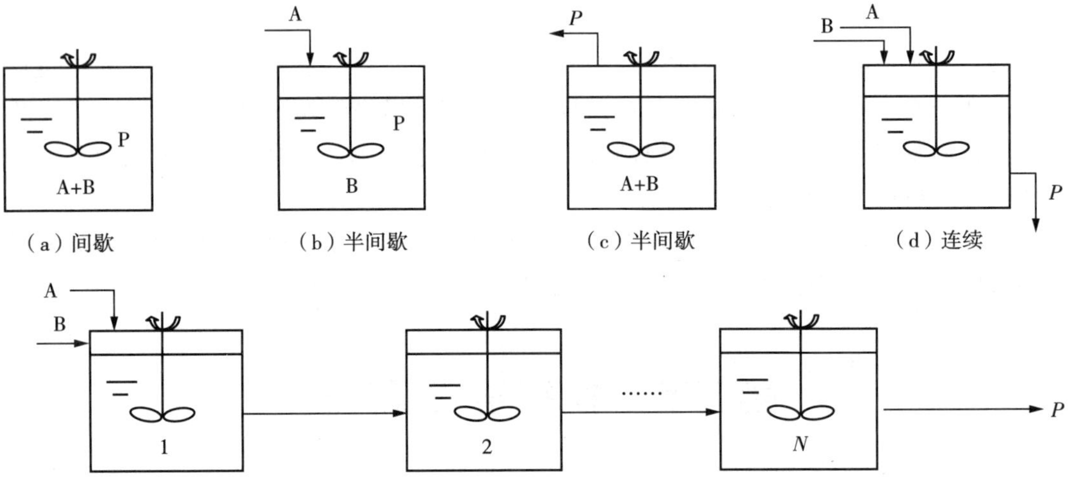

（a）间歇　（b）半间歇　（c）半间歇　（d）连续

（e）多釜串联

图3-3　反应釜的操作方式

搅拌釜式反应器可以将单釜或多釜串联进行连续操作，即连续加入反应物和取出产物，如图3-3（d）所示。连续式操作设备利用率高，产品质量稳定，易于自动控制，适用于大规模生产。

搅拌釜式反应器也可以进行半间歇式操作，即一种物料分批加入，而另一种物料连续加入，如图3-3（b）所示；或者是同时加入物料，用蒸馏的方法连续移走部分产品的生产过程，如图3-3（c）所示。半间歇式操作特别适用于要求一种反应物的浓度高而另一种反应物的浓度低的化学反应，适用于可以通过调节加料速度来控制所要求的反应温度的反应。

（2）按材质进行分类

搅拌釜式反应器按材质可分为钢制（或衬瓷板）反应釜、铸铁反应釜及搪玻璃反应釜。

最常见的钢制反应釜的材料为 Q235A（容器钢）。由于材料 Q235A 不耐酸性介质腐蚀，常用的还有不锈钢材料制的反应釜，可以耐一般酸性介质。经过镜面抛光的不锈钢制反应釜还特别适用于高黏度体系聚合反应。

铸铁反应釜在氯化、磺化、硝化、缩合、硫酸增浓等反应过程中使用较多。

搪玻璃反应釜俗称搪瓷锅，是在碳钢锅的内表面涂上含有二氧化硅的玻璃釉，经 900 ℃左右的高温焙烧，形成玻璃搪层。由于搪玻璃反应釜对许多介质具有良好的抗腐蚀性，所以被广泛用于精细化工生产中的卤化反应及有盐酸、硫酸、硝酸等存在时的各种反应。搪玻璃反应釜的性能如下：

① 耐腐蚀性。它能耐大多数无机酸、有机酸、有机溶剂等介质的腐蚀，尤其在盐酸、硝酸、王水等介质中具有良好的耐腐蚀性能。但是搪玻璃设备不宜用于下列介质的储存和反应，否则将会因腐蚀而较快地损坏，包括任何浓度和温度的氢氟酸；pH＞12 且温度大于 100 ℃的碱性介质；温度大于 180 ℃、浓度大于 30％的磷酸；酸碱交替的反应过程；含氟离子的其他介质等。

② 耐热性。允许在－30～240 ℃范围内使用，耐热温差小于 120 ℃，耐冷温差小于 110 ℃。

③ 耐冲击性。搪玻璃反应釜的耐冲击性较小，为 2.5 kgf/cm^2（1 kgf/cm^2 = 98.0665 kPa），不仅在运输和安装时要防止碰撞，在使用时也应避免硬物冲击碰撞，在加料时也要严防重物掉入容器内，反应时要缓慢加压升温，防止剧变。

我国标准搪玻璃反应釜有 K 型和 F 型两种。K 型反应釜是釜盖和釜体分开的结构，可以装置尺寸大的锚式、框式和桨式等各种形式的搅拌器，反应釜容积有 50～10000 L 的不同规格，因而适用范围广。F 型是盖体不分的结构，盖上都装置有人孔，且装置的搅拌器为尺寸较小的锚式或桨式搅拌器，适用于低黏度、容易混合的液液相、气液相等反应。F 型反应釜的密封面比 K 型小很多，所以对于一些气液相卤化反应以及带有真空和压力下的操作更为适宜。

搪玻璃反应釜的夹套用 Q235A 普通钢材制造。若使用低于 0 ℃的冷却剂时则需改用合适的夹套材料，选用技术参数可查阅有关设计手册和产品样本。

（3）按反应釜所能承受的操作压力进行分类

按反应釜所能承受的操作压力可分为低压釜和高压釜。低压釜就是最常见的搅拌釜式反应器。在搅拌轴与壳体之间采用动密封结构，在低压（低于 1.6 MPa）条件下能够防止物料的泄漏。在高压条件下，动密封往往难以保证完全不泄漏。目前高压釜常采用磁力搅拌釜，磁力搅拌釜的主要特点是以静密封代替了传统的填料密封或机械密封，从而实现整台反应釜在全密封状态下工作，保证无泄漏。因此，更适合于各种极毒、易燃、易爆以及其他渗透力极强的工艺过程，是石油化工、有机合成制药、食品等工艺中进行硫化、氟化、氢化、氧化等反应的理想设备。

3. 特点与发展趋势

目前在化工生产中，反应釜所用的材料、搅拌装置、加热方法、轴封结构、容积大小、温度、压力等种类繁多，但基本具有以下共同特点：

（1）结构基本相同。除反应釜体外，还有传动装置、搅拌器和加热（或冷却）装置等，以改善传热条件使反应温度控制得比较均匀，并且强化传质过程。

（2）操作压力较高。釜内的压力是由化学反应或温度升高导致，压力波动较大。甚至出现有时操作不稳定，突然压力增高超过正常压力几倍的情况，所以反应釜大部分属于受压容器。

（3）操作温度较高。化学反应需要在一定的温度条件下才能进行，所以反应釜既承受压力又承受温度。

（4）在反应釜中通常要进行化学反应，为保证反应能均匀而较快地进行，以提高效率，因此在反应釜中装有相应的搅拌装置，这样就要考虑传动轴的动密封和防止泄漏问题。

（5）反应釜多属间歇式操作，有时为保证产品质量，每批出料后需进行清洗。釜顶装有快开人孔及手孔，便于取样、测体积、观察反应情况和进入设备内部检修。

化工生产的发展对反应釜的要求和发展趋势如下：

（1）大容积化。这是增加产量、减少批量生产之间的质量误差、降低产品成本的必然发展趋势，如染料行业生产用反应釜国内为 6000 L 以下，其他行业有的可达 30 m^3，而国外在染料行业有的在 20000～30000 L，而其他行业的可达 120 m^3。

（2）反应釜的搅拌器，已由单搅拌器发展到用双搅拌器或外加泵强制循环。国外除了装有搅拌装置外，尚使釜体沿水平线旋转，从而提高反应速度。

（3）生产自动化和连续化以代替笨重的间歇手工操作。如采用程序控制，既可稳定生产，提高产品质量，增加收益，减轻体力劳动，又可消除对环境的污染。

（4）合理利用热能，工艺选择最佳的操作条件，加强保温措施，提高传热效率，使热损失降至最小，充分利用余热或反应后产生的热能。

二、结构

搅拌釜式反应器主要由壳体、搅拌装置、轴封和换热装置四大部分组成，其基本结构如图 3 - 4 所示。

1. 壳体

壳体由圆柱形筒体、上盖、下封头构成。上盖与筒体的连接方法有两种：一种是盖子与筒体直接焊接构成一个整体，另一种是考虑拆卸方便而用法兰连接。上盖开有人孔、手孔和工艺接孔等。壳体材料根据工艺要求来确定，最常用的是铸铁和钢板，也有的采用合金钢或复合钢板。当用来处理有腐蚀性介质时，则需用耐腐蚀材料来制造反应釜，或者将反应釜内表面用搪瓷、衬瓷板或橡胶隔离。

反应釜釜底常用的形状有平面形、碟形、椭圆形和球形，如图 3 - 5 所示。平面形结构简单，容易制造，一般在釜体直径小、常压（或压力不大）的条件下采用；椭圆

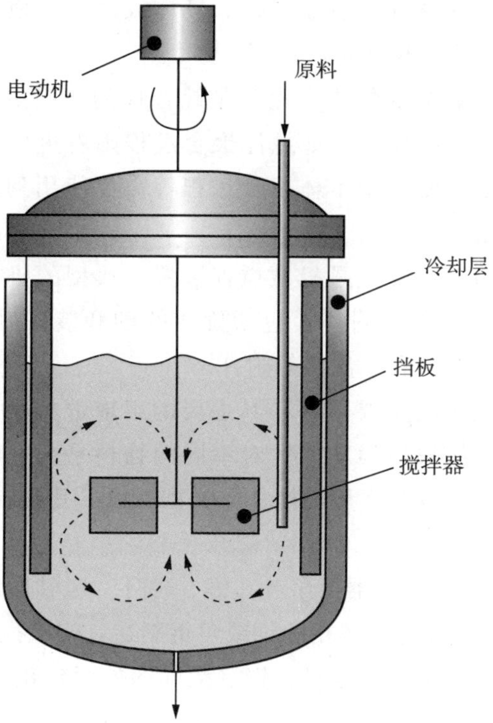

图 3-4 搅拌釜式反应器的基本结构示意图

形或碟形应用较多；球形多用于高压反应器，当反应后物料需用分层法使其分离时可用锥形底。

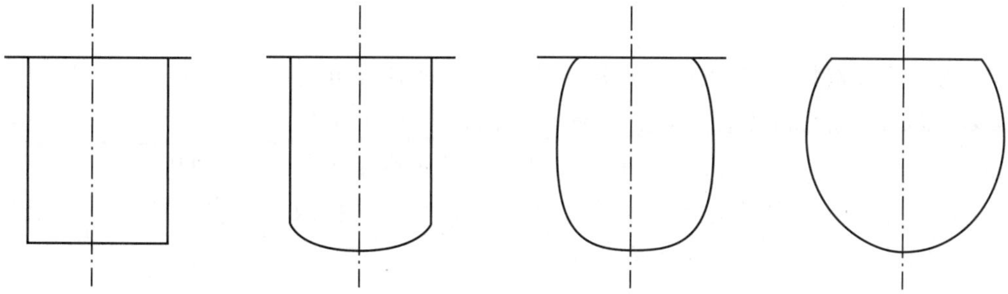

(a) 平面形 (b) 碟形 (c) 椭圆形 (d) 球形

图 3-5 几种反应釜釜底的形状

2. 搅拌装置

工业过程对实际生产过程中搅拌的要求，可以分为混合、搅动、悬浮和分散四种，其中混合过程可以使密度、黏度不同的物料混合均匀；搅动过程可以使物料快速流动，以提高传热及传质速率；悬浮过程可以使原来在静止的液体中会沉降的固体颗粒或液滴悬浮在液体介质中；分散过程可以使气体、液体或固体分散在液体介质中，增大不同物相间的接触面积，加快传热和传质过程。

在实际生产过程中，对搅拌的要求通常是综合性的，但由于过程的特殊性，往往对某一个或两个方面着重提出要求。如悬浮聚合过程则着重要求通过搅拌使单体均匀地分散并悬浮在分散相中，而对于本体聚合过程等需要使用到高黏度的物料，主要要求搅拌起混合和搅动作用。

在化学工业中常用的搅拌装置是机械搅拌装置，典型的机械搅拌装置包括下列主要部分：搅拌器及其辅助部件和附件，包括旋转的轴和装在轴上的叶轮，密封装置、减速箱、电动机、支架、挡板和导流筒等附件。

搅拌器是实现搅拌操作的主要部件，其主要的组成部分是叶轮，它随旋转轴运动将机械能施加给液体，促使液体运动。针对不同的物料系统和不同的搅拌目的出现了许多类型的搅拌器，工业上较为常用的搅拌器类型有以下几种：

（1）桨式搅拌器

图 3-6 所示的折叶桨式搅拌器由桨叶、键、轴环、竖轴所组成。行业标准 HG 5-220-65 中详细做出规定，桨叶一般用扁钢或角钢制造，当被搅拌物料对钢材腐蚀严重时，可用不锈钢或有色金属制造，也可在钢制桨叶的外面包覆橡胶、环氧或酚醛树脂、玻璃钢等。折叶桨式搅拌器的转速较低，一般为 20～80 rpm，圆周速度在 1.5～3 m/s 范围内比较合适。折叶桨式搅拌器直径取反应釜内径 D 的 1/3～2/3，桨叶不宜过长，因为搅拌器消耗的功率与桨叶直径的五次方成正比。当反应釜直径很大时可以采用两个或多个桨叶。

桨式搅拌器适用于流动性大、黏度小的液体物料，也适用于纤维状和结晶状的溶解液，如果液体物料层很深时可在轴上装置数排桨叶。

（2）涡轮式搅拌器

涡轮式搅拌器按照有无圆盘可分为圆盘涡轮搅拌器和开启涡轮搅拌器，按照叶轮形状又可分为平直叶和弯曲叶两种。涡轮式搅拌器速度较大，线速度为 3～8 m/s，转速范围为 300～600 rpm，开启式平直叶涡轮式搅拌器的标准系列见 HG 5-221-65。

涡轮式搅拌器的主要优点是当能量消耗不大时，搅拌效率较高，搅拌产生很强的径向流，因此它适用于乳浊液、悬浮液等。

（3）推进式搅拌器

推进式搅拌器常用整体铸造，加工方便。搅拌器可用轴套以平键（或紧固螺钉）与轴固定，通常为两个搅拌叶，第一个桨叶安装在反应釜的上部，把液体或气体往下压，第二个桨叶安装在下部，把液体往上推。搅拌时能使物料在反应釜内循环流动，所起作用以容积循环为主，剪切作用较小，上下翻腾效果较好。当需要有更大的流速时，反应釜内设有导流筒。推进式搅拌器直径约取反应釜内径的 1/4～1/3，线速度可达 5～15 m/s，转速范围为 300～600 rpm，搅拌器的材料常用铸铁和铸钢。推进式搅拌器的标准系列见 HG 5-222-65。

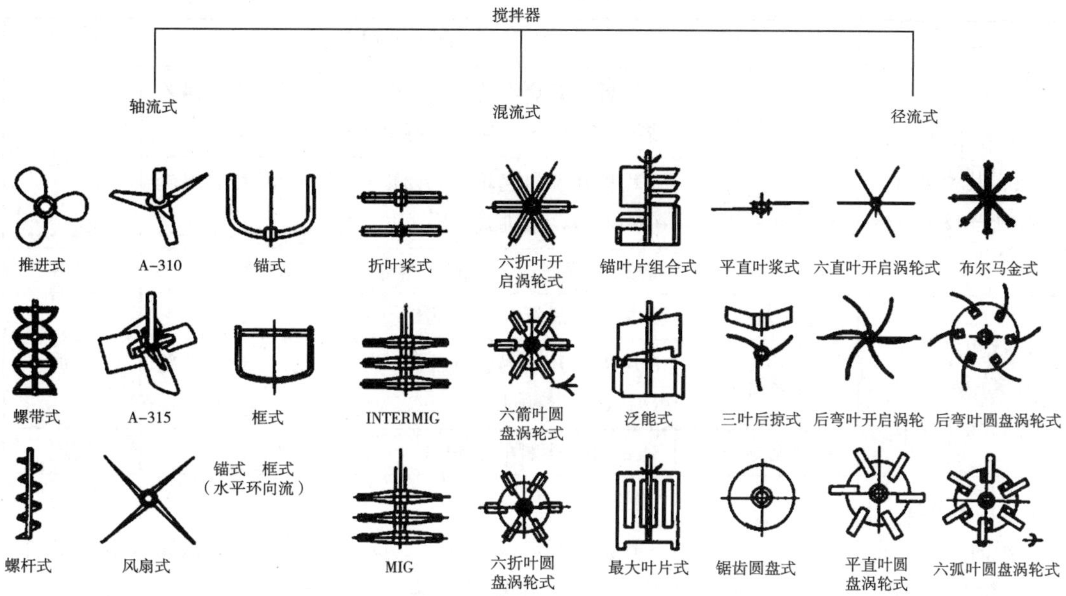

图 3-6 各种搅拌器的形状

（4）框式和锚式搅拌器

框式搅拌器可视为桨式搅拌器的变形，即将水平的桨叶与垂直的桨叶连成一体，形成刚性的框子，其结构比较坚固，搅动物料量大。如果这类搅拌器底部形状和反应釜下封头形状相似，通常又称为锚式搅拌器。框式搅拌器直径较大，一般取反应器（釜）内径的 2/3～9/10，线速度为 0.5～1.5 m/s，转速范围为 50～70 rpm。钢制框式搅拌器标准系列见 HG 5-757-78。

框式搅拌器与釜壁间隙较小，有利于传热过程的进行。快速旋转时，搅拌器叶片所带动的液体把静止层从反应釜壁上带下来；慢速旋转时，有刮板的搅拌器能产生良好的热传导。这类搅拌器常用于传热、晶析操作以及高黏度液体、高浓度淤浆和沉降性淤浆的搅拌。

（5）螺带式搅拌器和螺杆式搅拌器

螺带式搅拌器常用扁钢按螺旋形绕成，其直径较大，常做成几条紧贴釜内壁，与釜壁的间隙很小，所以搅拌时能不断地将黏于釜壁的沉积物刮下来。螺带的高度通常取罐底至液面的高度。螺带式搅拌器和螺杆式搅拌器的转速都较低，通常不超过 50 rpm，产生以上下循环流为主的流动，主要用于高黏度液体的搅拌。

实际生产过程中，搅拌器的选型主要根据物料性质、搅拌目的及各种搅拌器的性能特征来进行。按物料黏度选型，由于液体的黏度对搅拌状态有很大的影响，所以根据搅拌介质黏度大小来选型是一种基本的方法；按搅拌目的选型，则是根据搅拌过程的目的与搅拌器造成的流动状态判断该过程所适用的桨型，是一种比较合用的方法，表 3-2 是不同搅拌过程的搅拌器类型推荐表。

表 3-2 不同搅拌过程的搅拌器类型推荐表

<table>
<tr><th>搅拌目的</th><th>挡板条件</th><th>推荐类型</th><th>流动状</th></tr>
<tr><td rowspan="3">互溶液体的混合及在其中进行化学反应</td><td>无挡板</td><td>3 片折叶开启涡轮（$\theta=24°$），6 片折叶开启涡轮桨式（$\theta=45°$）桨式、圆盘涡轮</td><td rowspan="2">湍流</td></tr>
<tr><td>有导流筒</td><td>3 片折叶开启涡轮（$\theta=24°$），6 片折叶开启涡轮（$\theta=45°$），推进式</td></tr>
<tr><td>有或无导流筒</td><td>桨式、螺杆式、框式、螺带式、锚式</td><td>层流</td></tr>
<tr><td rowspan="3">固液相分散及在其中溶解和进行化学反应</td><td>有或无挡板</td><td>桨式，6 片折叶开启涡轮（$\theta=45°$）</td><td rowspan="2">湍流</td></tr>
<tr><td>有导流筒</td><td>3 片折叶开启涡轮（$\theta=24°$），6 片折叶开启涡轮（$\theta=45°$），推进式</td></tr>
<tr><td>有或无导流筒</td><td>螺带式、螺杆式、锚式</td><td>层流</td></tr>
<tr><td>液液相分散（互溶的液体）及在其中强化传质和进行化学反应</td><td>有挡板</td><td>3 片折叶开启涡轮（$\theta=24°$），6 片折叶开启涡轮（$\theta=45°$），桨式、圆盘涡轮、推进式</td><td>存在不连续流的湍流状态，有空穴产生</td></tr>
<tr><td rowspan="4">液液相分散（不互溶的液体）及在其中强化传质和进行化学反应</td><td>有挡板</td><td>圆盘涡轮，6 片折叶开启涡轮（$\theta=45°$）</td><td rowspan="3">湍流</td></tr>
<tr><td>有反射物</td><td>3 片折叶开启涡轮（$\theta=24°$）</td></tr>
<tr><td>有导流筒</td><td>3 片折叶开启涡轮（$\theta=24°$），6 片折叶开启涡轮（$\theta=45°$），推进式</td></tr>
<tr><td>有或无导流筒</td><td>螺带式、螺杆式、锚式</td><td>层流</td></tr>
<tr><td rowspan="5">气液相分散及在其中强化传质和进行化学反应</td><td>有挡板</td><td>圆盘涡轮、闭式涡轮</td><td rowspan="3">湍流</td></tr>
<tr><td>有反射物</td><td>3 片折叶开启涡轮（$\theta=24°$），在 $D/d \geqslant 1.5$ 时</td></tr>
<tr><td>有导流筒</td><td>3 片折叶开启涡轮（$\theta=24°$），6 片折叶开启涡轮（$\theta=45°$），推进式</td></tr>
<tr><td>有导流筒</td><td>螺杆式</td><td rowspan="2">层流</td></tr>
<tr><td>无导流筒</td><td>锚式、螺带式</td></tr>
</table>

3. 轴封

轴封用来防止釜的主体与搅拌轴之间的泄漏，为动密封结构，主要有填料密封和机械密封两种，其密封结构如图 3-7 所示。

（1）填料密封

填料箱由箱体、填料、油环、衬套、压盖和压紧螺栓等零件组成，旋转压紧螺栓时，压盖压紧填料，使填料变形并紧贴在轴表面上，达到密封目的。在化工生产中，轴封容易泄漏，一旦有毒气体逸出会污染环境，因而需控制好压紧力。压紧力过大，

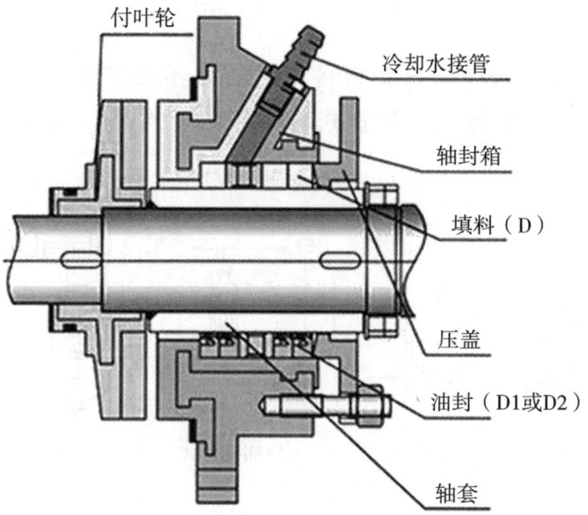

图 3－7　填料密封和机械密封结构

轴旋转时轴与填料间摩擦增大，会使磨损加快，在填料处定期加润滑剂，可减少摩擦，并能减少因螺栓压紧力过大而产生的摩擦热。填料要富有弹性，有良好的耐磨性和导热性。填料的弹性变形要大，使填料紧贴转轴，对转轴产生收缩力，同时还要求填料有足够的圈数。

使用中由于磨损应适当增补填料，调节螺栓的压紧力，以达到密封效果。填料压盖要防止歪斜。有的设备在填料箱处设有冷却夹套，可防止填料摩擦发热。

（2）机械密封

机械密封在反应釜上已广泛应用，它的结构和类型繁多，但它们的工作原理和基本结构都是相同的。

机械密封由动环、静环、弹簧加荷装置（弹簧、螺栓、螺母、弹簧座、弹簧压板）及辅助密封圈四个部分组成。由于弹簧力的作用使动环紧紧压在静环上，当轴旋转时，弹簧座、弹簧、弹簧压板、动环等零件随轴一起旋转，而静环则固定在座架上静止不动，动环与静环相接触的环形密封端面阻止了物料的泄漏。机械密封结构较复杂，但密封效果甚佳。

机械密封安装的要点如下：

① 动环与静环端面之间，初次启动时应加润滑剂，使端面形成油膜，防止干摩擦烧毁静（或动）环。

② 油槽内油面高于静环面，在运转状态下，机械密封油槽应不产生连续小气泡。

③ 端面比压要调节适当，不可任意改变弹簧规格。

④ 在运转状态下，防止轴摆动量过大，静环端面对轴线允许垂直度误差小于0.05 mm（主轴转速在 200 r/min 以下）。

4. 换热装置

换热装置是用来加热或冷却反应物料，使之符合工艺要求的温度条件的设备。其结构形式主要有夹套式、蛇管式、列管式、外部循环式等，也可用直接火焰或电感加热，如图 3－8 所示。

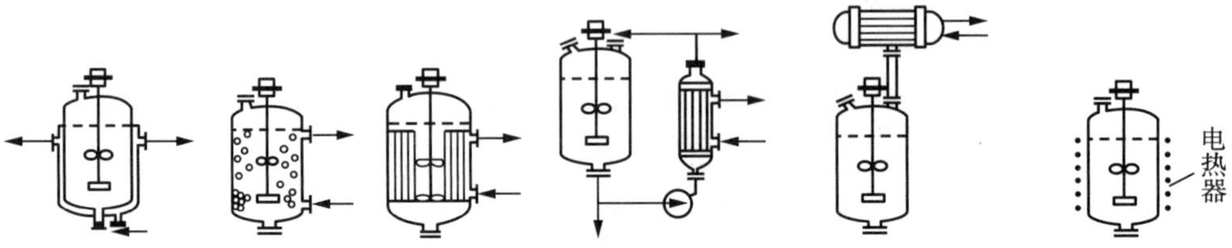

（a）夹套式　（b）蛇管式　（c）列管式　（d）外部循环式　（e）回流冷凝式　（f）电感加热式

图 3－8　釜式反应器换热装置

（1）几种换热装置及特点

① 夹套式

传热夹套一般由钢板焊接而成，它是套在反应器筒体外面能形成密封空间的容器，既简单又方便。夹套内通蒸汽时，其蒸汽压力一般不超过 0.6 MPa，当反应器的直径大或者加热蒸汽压力较高时，夹套必须采取加强措施。

夹套与反应釜内壁的间距视反应釜直径的大小采用不同的数值，一般取 25～100 mm。夹套的高度取决于传热面积，而传热面积由工艺要求确定。但必须注意夹套高度一般应高于料液的高度，应比釜内液面高出 50～100 mm，以保证充分传热。

② 蛇管式

当工艺需要的传热面积大，单靠夹套传热不能满足要求时，或者是反应器内壁衬有橡胶、瓷砖等非金属材料时，可采用插入蛇管、套管、D 形管等方式传热。

工业上常用的蛇管主要分为水平式蛇管和直立式蛇管两种，如图 3－9 所示，排列紧密的水平式蛇管能同时起到导流筒的作用，排列紧密的直立式蛇管同时可以起到挡板的作用，它们对于改善流体的流动状况和搅拌的效果起积极的作用。

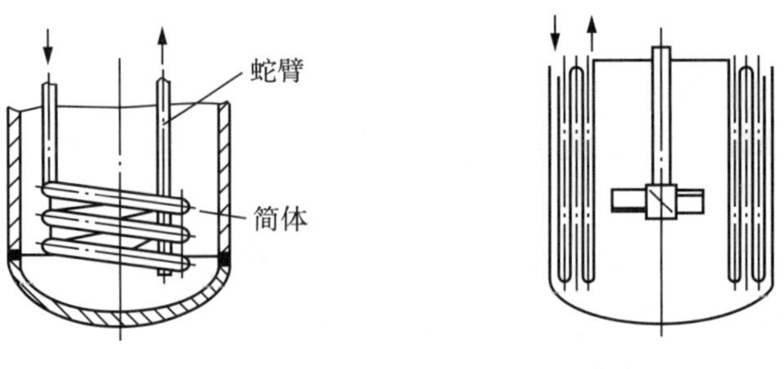

图 3－9　水平式蛇管和直立式蛇管

蛇管浸没在物料中，热量损失少，且由于蛇管内传热介质流速高，它的给热系数比夹套大得多。但对于含有固体颗粒的物料及黏稠的物料，容易引起物料堆积和挂料，影响传热效果。

③ 回流冷凝式

当反应在沸腾温度下进行且反应热效应很大时，可以采用回流冷凝法进行换热，使反应器内产生的蒸汽通过外部的冷凝器加以冷凝，冷凝液返回反应器中。采用这种方法进行传热，由于蒸汽在冷凝器中以冷凝的方式散热，可以得到很高的给热系数。

（2）高温热源的选择

用一般的低压饱和水蒸气加热时温度最高只能达到 150～160 ℃，当需要更高的加热温度时则应考虑加热剂的选择问题，化工厂常用的加热剂如下：

① 高压饱和水蒸气

高压饱和水蒸气来源于高压蒸汽锅炉，利用反应热的废热锅炉或热电站的蒸汽透平。用高压蒸汽作为热源的缺点是需高压管道输送蒸汽，其建设投资费用大，尤其是在需要远距离输送时热损失很大，非常不经济。有时也采用热水作为加热介质，但是其提供的加热温度较低。

② 有机载热体

利用某些有机物具有常压沸点高、熔点低、热稳定性好等特点，用来提供高温的热源，如联苯道生油、导热油等都是良好的高温载热体。联苯道生油是含联苯 26.5%、二苯醚 73.5%的低共沸点混合物，熔点 12.3 ℃，沸点 258 ℃。它的突出优点是能在较低的压力下得到较高的加热温度，在同样的温度下，它的饱和蒸汽压力只有水蒸气压力的几十分之一；导热油是一种烷基芳烃型合成导热油，主要成分为由甲苯合成的多苯芳烃，具有良好的耐热性和耐低温性能，应用范围广泛，且不受环境气温限制，可适用于寒冷地区，以及耐温高达 350 ℃的热传导系统。

③ 熔盐

熔盐的组成为 53 wt%（质量分数）的 KNO_3，7 wt %的 $NaNO_3$ 以及 40 wt %的 $NaNO_2$ 的混合物，其熔点为 142 ℃。当反应温度在 300 ℃以上时可用熔盐作载热体。

④ 电加热法

电加热法是一种操作方便、热效率高、便于实现自控和遥控的高温加热方法。

（3）低温冷源的选择

① 冷却用水

冷却用水可用河水、井水、城市水厂给水等，水温随地区和季节变化而变。深井水的水温较低且稳定，一般在 15～20 ℃，水的冷却效果好，也最为常用。但是随着水的硬度不同，对换热后的水的出口温度有一定限制，一般不宜超过 60 ℃，在不宜清洗的场合不宜超过 50 ℃，以免水垢的迅速生成。

② 空气

在缺乏水资源的地方可采用空气冷却，其主要缺点是给热系数低，需要的传热面积大。

③ 低温冷却剂

有些化工生产过程需要在较低的温度下进行，这种低温采用一般冷却方法难以达到，必须采用特殊的制冷装置进行人工制冷。

在制冷装置中一般多采用直接冷却方式，即利用制冷剂的蒸发直接冷却冷间内的空气，或直接冷却被冷却物体。常用的载冷剂有三类，即水、盐水及有机物载冷剂。有机物载冷剂适用于比较低的温度，常用的有乙二醇、丙二醇的水溶液。乙二醇无色无味，可全溶于水，对金属材料无腐蚀性。浓度为45%的乙二醇水溶液使用温度可达−35 ℃，但用于−10 ℃时效果最好。但是乙二醇黏度大，故传热性能较差，稍具毒性，不宜用于开式系统。丙二醇是极稳定的化合物，全溶于水，对金属材料无腐蚀性。丙二醇的水溶液无毒，黏度较大，传热性能较差。丙二醇的使用温度通常为−10 ℃及以上。由于需使用低温冷却剂，这种制冷方式需要额外的机械能量，故成本较高。

三、釜式反应器的故障处理及维护

1. 反应釜常见故障与处理方法

（1）故障现象：壳体损坏（腐蚀、裂纹、透孔）。

故障原因：受介质腐蚀（点蚀、晶间腐蚀），热应力影响产生裂纹或碱脆，磨损变薄或均匀腐蚀。

处理方法：用耐腐蚀材料衬里的壳体需重新修补或局部补焊；焊接后要消除应力，产生裂纹要进行修补；超过设计最低的允许厚度需更换本体。

（2）故障现象：超温超压。

故障原因：仪表失灵，控制不严格；误操作，原料配比不当产生剧烈反应；因传热或搅拌性能不佳，发生副反应；进气阀失灵导致进气压力过大、压力高。

处理方法：检查、修复自控系统，严格执行操作规程；根据操作规程紧急放压，按规定定量定时投料，严防误操作；增加传热面积或清除结垢，改善传热效果，修复搅拌器，提高搅拌效率；关总气阀，切断气源修理阀门。

（3）故障现象：密封泄漏（填料密封）。

故障原因：①填料密封。搅拌轴在填料处磨损或腐蚀造成间隙过大；油环位量不当或油路堵塞不能形成油封；压盖没压紧，填料质量差或使用过久；填料箱腐蚀。②机械密封。动静环端面变形、碰伤；端面比压过大，摩擦时产生热变形；密封圈选材不对，压紧力不够或V形密封圈装反，失去密封性；轴线与静环端面垂直度误差过大；操作压力、温度不稳定，硬颗粒进入摩擦副；轴窜量超过指标；镶装或粘接动、静环的镶缝泄漏。

处理方法：①填料密封。更换或修补搅拌轴并在机床上加工，保证表面粗糙度；调整油环位置，清洗油路；压紧或更换填料；修补或更换摩擦副。②机械密封。更换摩擦副或重新研磨；调整合适比压，加强冷却系统，及时带走热量；密封圈选材、安装要合理，要有足够的压紧力；停车，重新找正，保证垂直度误差小于 0.5 mm；严格控制工艺指标，颗粒及结晶物不能进入摩擦副；调整、检修使轴的窜量达到标准；改进安装工艺，或过盈量要适当，胶黏接剂要好用，粘接牢固。

（4）故障现象：釜内有异常的杂音。

故障原因：搅拌器摩擦釜内蛇管、温度计管等附件刮壁；搅拌器松脱；衬里鼓包，与搅拌器撞击；搅拌器弯曲或轴承损坏。

处理方法：停车检修找正，使搅拌器与附件有一定间距；停车检查，紧固螺栓；修鼓包或更换衬里。

（5）故障现象：搪瓷搅拌器脱落。

故障原因：被介质腐蚀断裂，或电动机旋转方向相反。

处理方法：更换搪瓷轴或用玻璃修补，或停车改变转向。

（6）故障现象：搪瓷釜法兰漏气。

故障原因：法兰瓷面损坏；选择垫圈材质不合理，安装接头不正确，空位，错移；卡子松动或数量不足。

处理方法：修补、涂防腐漆或树脂；根据工艺要求，选择垫圈材料，垫圈接口要搭拢，位置要均匀；按设计要求，补充足够数量的卡子，并要紧固。

（7）故障现象：瓷面产生鳞爆及微孔。

故障原因：夹套或搅拌轴管内进入酸性杂质，产生氢脆现象；瓷层不致密，有微孔隐患。

处理方法：用碳酸钠中和后，用水冲净或修补，腐蚀严重的需及时更换；微孔数量少的可修补，严重的要及时更换。

（8）故障现象：电动机电流超过额定值。

故障原因：轴承损坏；釜内温度低，物料黏稠；主轴转速较快；搅拌器直径过大。

处理方法：更换轴承；按操作规程调整温度，适当降低物料黏度；控制主轴转速在一定的范围内；适当调整检修。

2. 维护要点

釜式反应器的维护要点如下：

（1）反应釜在运行中，严格执行操作规程，禁止超温、超压。

（2）按工艺指标控制夹套、蛇管及反应器的温度。

（3）避免温差应力与内压应力叠加，使设备产生应变。

（4）要严格控制配料比，防止剧烈反应。

（5）要注意反应釜有无异常振动和声响，如发现故障，应检查修理并及时消除。

搪玻璃反应釜在正常使用中应注意以下几点：

（1）加料要严防止金属硬物掉入设备内，运转时要防止设备振动，检修时按化工厂搪玻璃反应釜维护检修规程（HGJ 1008—1979）执行。

(2) 尽量避免冷罐加热料和热罐加冷料，严防温度骤冷骤热。搪玻璃耐温剧变小于 120 ℃。

(3) 尽量避免酸碱液介质交替使用，否则将会使搪玻璃表面失去光泽而腐蚀。

(4) 严防夹套内进入酸液，酸液进入夹套会产生氢效应，引起搪玻璃表面像鱼鳞片一样大面积脱落。如果清洗夹套一定要用酸液时，不能用 pH 小于 2 的酸液。一般清洗夹套可用 2%的次氯酸钠溶液，最后用水清洗夹套。

(5) 出料釜底堵塞时，可用非金属棒轻轻疏通，禁止用金属工具铲打。对粘在罐内表面上的反应物料要及时清洗，不宜用金属工具，以防损坏搪玻璃衬里。

第三节　搅拌釜式反应器操作实训

一、实训目的

(1) 掌握反应釜的结构；掌握搅拌釜式反应器的操作及常见故障排除。

(2) 掌握化工生产中常见的流体输送设备如泵、风机等操作。

(3) 了解化工生产中产品质量控制措施和方法。

(4) 生产出合格的水溶性聚乙烯醇缩甲醛胶粘剂。

二、水溶性聚乙烯醇缩甲醛胶粘剂的制备

1. 合成反应原理

(1) 聚乙烯醇（PVA）与甲醛的缩合反应

分子间缩醛的反应机理如图 3－10 所示。

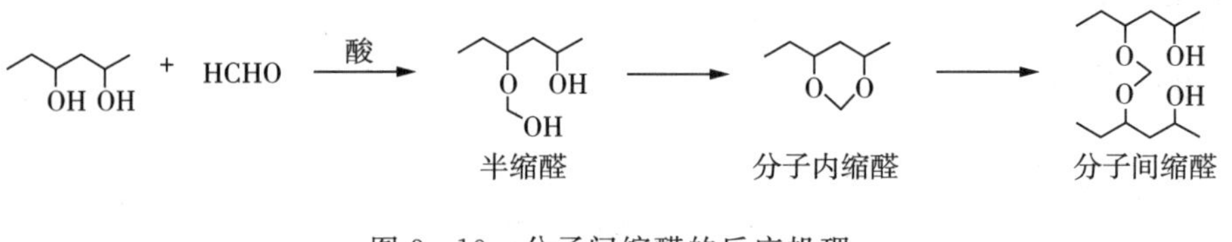

图 3－10　分子间缩醛的反应机理

在反应体系中加入碱，上述缩合反应终止，以免聚乙烯缩甲醛的分子量过大，生成难溶于水的凝胶。

(2) 减少游离甲醛

PVA 和甲醛反应过程中，体系中会残留部分甲醛。为降低产品中的甲醛含量，使游离甲醛与尿素发生脲醛化反应，以减少游离甲醛的含量。尿素和残留甲醛发生加成反应，生成一羟甲脲：

$$NH_2CONH_2 + HCHO \longrightarrow NH_2CONHCH_2OH$$

一羟甲脲再与甲醛反应，生成二羟甲脲：

$$NH_2CONHCH_2OH + HCHO \longrightarrow CO(NHCH_2OH)_2$$

2. 工艺流程简述

将来自备料工序的 HCHO 注入计量槽内，经计量利用位差加入反应釜中，釜温由夹套中热水、冷水控制，通过控制反应釜的温度和反应时间、反应时的 pH 来控制反应速度，从而控制产品的质量，具体的化工生产实训流程如图 3-11 所示。

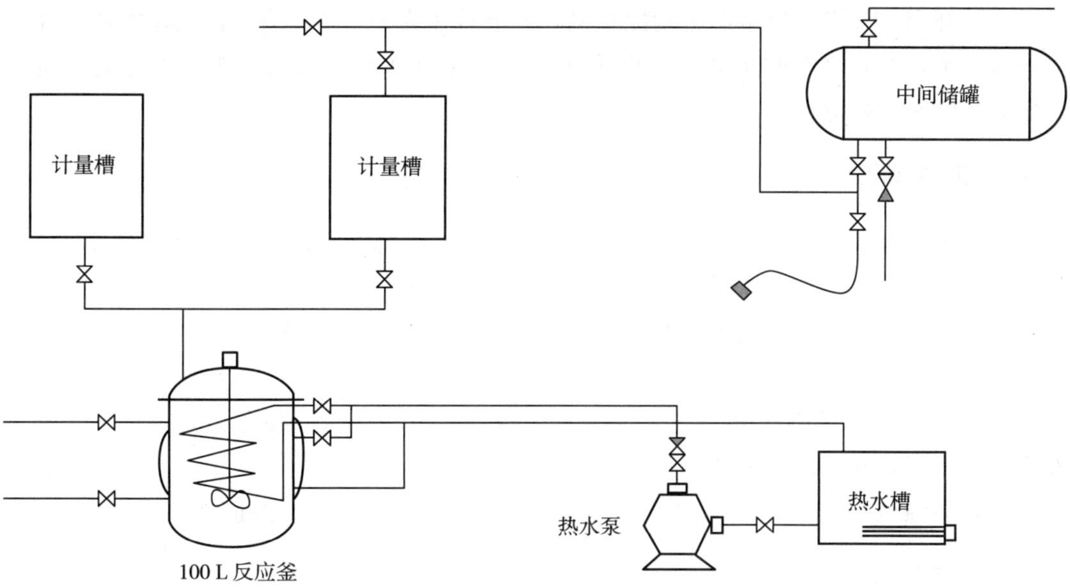

图 3-11　化工生产实训流程

3. 原料及用量

原料名称	规格	用量/质量份
聚乙烯醇（PVA）	2399（牌号）	11～13
甲醛	36%～38%（分析纯）	3.5～4.0
水	自来水	100
盐酸	36 %	1
10%的 NaOH 溶液	分析纯	4
尿素（U）	分析纯	7～9

三、反应釜的操作步骤

1. 开车

（1）备料：打开真空泵将甲醛溶液吸入低位槽内，关闭真空泵。打开低位槽的放空阀，使低位槽的压力恢复到常压，关闭放空阀。打开空压机，使低位槽内的压力上升到0.3～0.4 MPa，关闭进气阀。打开进料阀，检查高位槽的溢流管的出口阀是否打开。开启进料阀，缓缓地将低位槽内的料液压入高位槽内。

（2）进料：将自来水加入反应釜内，然后加入盐酸，使釜内溶液的pH控制在2.0左右。

（3）开车：开启反应釜的电动搅拌机，调节转速为80～100 rpm，搅拌物料。打开电热水锅炉，打开热水循环泵，打开反应釜夹套内的热水控制阀，使釜内升温，加入一定质量的聚乙烯醇。

2. 正常操作

（1）当反应釜内液体温度达68 ℃以上时，聚乙烯醇开始溶解，温度升到76 ℃时保温搅拌2小时，直至聚乙烯醇完全溶解。

（2）分批从高位槽内加入甲醛，在76 ℃下保温40～50分钟，使聚乙烯醇与甲醛充分反应。

（3）加入10%的NaOH溶液，终止缩合反应，再加入水，使釜内溶液的pH控制在7和8之间，同时停止加热，夹套内通入冷却水。

（4）降温至60 ℃左右时，加入尿素，终止反应，在60 ℃保温搅拌30分钟。

3. 停车

打开反应釜出料阀出料，得透明胶液。出料完毕后，通入自来水清洗反应釜。然后关闭热水阀，关闭热水泵和热水锅炉。

注意缩合反应时间不能过长、温度不能过高，以免发生爆聚。若反应釜内温度急剧升高，可能会发生爆聚，应及时采取措施降温，可向釜内加入冷水，夹套内通入冷却水等。

4. 107胶水的制备

本次化工工程实训课程为操作搅拌釜式反应器制备107胶水，具体的操作流程如下：

（1）打开反应釜底阀（球阀），放尽釜内残留的水。

（2）关闭反应釜底阀，向釜内加入45 L自来水，打开搅拌器，由加料孔加入工业盐酸380 mL（质量浓度为30%，密度约为1.05 g/cm^3），调节pH小于等于2，此处需注意盐酸万万不可由不锈钢的加料漏斗加入。

(3) 待盐酸分散均匀后，利用铁皮漏斗向反应釜内加入 3.5 kg 聚乙烯醇，加料时应连续且缓慢地进行操作，架设漏斗时应轻拿轻放，防止碰坏反应釜搪瓷层。

(4) 待聚乙烯醇加完后，常温搅拌约 1 小时后开始升温。

(5) 升温到 70 ℃以上约一个小时后，拧开釜底阀口的外丝和内丝处的连接，用大烧杯从釜内放样察看，观察聚乙烯醇的溶解状态，观察完后将料液倒回釜内，再将烧杯刷洗干净。

(6) 待聚乙烯醇完全溶解以后，缓慢加入 1080 g 甲醛（用 1 L 自来水稀释），保持料液温度在 72～76 ℃，反应约 50 分钟。

(7) 向釜内加入适量的 10%的氢氧化钠溶液（按盐酸投入量自行计算，稍过量），调节 pH 至 7～8，同时开始降温。此过程需注意加氢氧化钠溶液调节 pH 时，应当等料液搅拌均匀后再测量，每一次测量以后，取样用的塑料棒都要清洗干净，以免对下次取样产生影响。

(8) 称取 240 g 尿素用水润湿，待釜内料液降温至约 65 ℃时，将尿素缓缓加入釜内，然后保持温度在 55～65 ℃反应约 50 分钟。

(9) 降温至 40 ℃以下出料，记录产物的外观、pH 和产量。

(10) 清洗反应釜，打扫操作现场卫生，归还手电筒、pH 试纸比色卡、清洗干净塑料勺、安全帽和手套等实验物品。

反应釜的清洗过程主要包括以下几个步骤：连接上出水软管，打开出料阀（球阀）；打开釜内自来水进水阀，冲洗 3～5 分钟；关闭出料阀，向釜内注入约 100 kg 自来水，搅拌 3 分钟；打开出料阀，将釜内水放入地沟；关闭出料阀，再向釜内注入约 100 kg 自来水，搅拌 3 分钟；打开出料阀，将釜内水放入地沟；关闭出料阀，向釜内注入约 100 kg 自来水，浸泡一夜。

5. 107 胶水小试

为了对比小试与反应釜制备 107 胶水产品性能的差异，可在反应釜制备的同时进行小试对照实验，具体过程可简化为在 500 mL 的四口烧瓶内加入 302 g 自来水、2.4 g 质量浓度为 30%的工业盐酸和 21.1 g 聚乙烯醇，升温至 75～80 ℃，机械搅拌至聚乙烯醇全部溶解，再加入 6.5 g 甲醛继续在 76 ℃条件下反应 50 分钟，加入 5～8 g 的 10%氢氧化钠溶液，调节 pH 至 7～8，同时开始降温，至 60 ℃时加入 1.6 g 尿素反应 50 分钟，降温至 40 ℃以下出料，记录产物的外观、pH 和产量，并与反应釜制备的产品进行对比。

四、产品性能检测

产品分析比照《水溶性聚乙烯醇缩甲醛胶粘剂》（中华人民共和国建材行业标准 JC 438—91）的要求，主要检测项目包括外观、固含量、黏度、游离甲醛含量、pH 等项目，同时需要注意以下几点：

固含量的检测每组只做一个样品，测定方法是精确称取 1.5 g 胶水于表面皿上，再按照标准的步骤进行操作，此时需要记录空表面皿的质量。

游离甲醛含量测量过程中，使用事先配制好并已完成标定的 0.1 mol/L 硫代硫酸钠溶液、1%淀粉溶液和碘标准溶液，但碘标准溶液需要同学自行标定，1%亚硫酸氢钠溶液由同学自行配制，该溶液不要求精确配制，每四组配置一瓶 250 mL 即可。

滴定过程中，为了减少碘标准溶液的消耗，每四组同学不用作平行实验，只进行一次空白实验，滴定一个样即可，样品的滴定由每组同学各自完成。

分析天平使用过程中注意要保持分析天平的清洁，称量时应将碘量瓶或蒸发皿拿出天平外添加胶水，注意胶水不要挂在碘量瓶的瓶颈处，否则会造成滴定结果不准确。

五、思考题

（1）釜式反应器的分类有哪些？各有哪些特点和应用？

（2）搅拌器的作用是什么？有哪些类型？根据什么原则选型？

（3）搅拌釜式反应器的传热装置有哪些？各有什么特点？

（4）常用的高温热源有哪些？各适用于怎样的场合？

（5）常用的低温冷源有哪些？各适用于怎样的场合？

（6）搅拌釜式反应器生产聚乙烯醇缩甲醛胶粘剂的操作中应控制哪些因素？

（7）搅拌釜式反应器生产聚乙烯醇缩甲醛胶粘剂过程中会出现哪些不正常的现象？产生的原因是什么？如何处理？

（8）化学反应器的操作方式有哪几种？各有何特点？

（9）按结构原理的不同可将化学反应器分为哪几种类型？各自适宜于哪些工业反应？各有什么特点？

（10）连续搅拌釜生产高密度低压聚乙烯的操作中应控制哪些因素？

（11）釜式反应器有哪些常见故障？如何处理？

（12）釜式反应器的维护要点是什么？

六、附录

107 胶水分析检测环节

玻璃仪器清单

仪器名称	规　格	数　量
烧　杯	800 mL	4 只
烧　杯	50 mL	2 只
量　筒	100 mL	1 只

（续表）

仪器名称	规　格	数　量
碘量瓶	250 mL	6 只
表面皿		4 只
温度计	100 ℃	1 支
胖肚移液管	20 mL	1 支
刻度移液管	20 mL	1 支
玻璃棒		2 支
容量瓶	250 mL，棕色	1 只
酸式滴定管	50 mL，棕色	2 只

本环节任务完成后务必将玻璃仪器清洗干净后放回原处。

聚乙烯醇缩甲醛胶水产品分析检测记录（模板）

1. 外观检测结果

通过××××××方式检测，产品外观呈××××××××××××××××××××××。

2. 黏度检测结果

利用 NDJ－5S 型数显旋转黏度计，采用×号转子，×××转速，温度为××℃的产品，黏度为××××。

3. 固含量检测结果

用电子分析天平称量空表面皿的质量为××××g；用电子分析天平称量检测胶水样品的质量为×××g；将胶水样品置于表面皿上，××××（时间）放在 105 ℃烘箱中，××××（时间）取出后用电子天平精确称量干胶和空表面皿的质量为×××g，计算的干胶的质量为×××g。

$$固体含量=\frac{干胶质量}{胶水样品质量}\times 100=\times\times\times\times\times\times$$

4. pH 检测结果

用精密 pH 试纸检测得样品 pH 为××。

5. 游离甲醛含量检测结果

（1）标定碘标准溶液

$Na_2S_2O_3$标准溶液浓度 c_1 = ××××mol/L，$Na_2S_2O_3$标准溶液体积 V_1 = ××mL；I_2标准溶液初始刻度××××mL，滴定完成后刻度××××mL，消耗 V_2 = ××mL；计算的 I_2标准溶液的浓度：

$$c_2=\frac{c_1\times V_1}{2V_2}=\times\times\times\times\text{mol/L}$$

（2）胶水样品滴定结果

用电子分析天平称量得试样的质量 W = ××××g；

空白实验：碘标准溶液初始刻度××××mL，滴定完成后刻度××××mL，消耗 V_0 = ××××mL；

试样滴定：碘标准溶液初始刻度××××mL，滴定完成后刻度××××mL，消耗 V_3 = ××××mL；

游离甲醛含量：

$$F=\frac{(V_0-V_3)\ c_2\times 0.03003}{W}\times 100=\times\times\times\times\times\times$$

检测单位	××××××班 第××组	
检测者	姓名 1	学号 1
	姓名 2	学号 2
	姓名 3	学号 3
	……	……
	……	……

第四章　管路拆装实训

第一节　基础知识

一、管子与管件

管子的连接需要各种管件，流体流量的控制和调节需要各种阀门，管子、各种管件和阀门等组合称为管路，化工管路在生产中的作用主要是用来输送包括气体或液体在内的各种流体介质，使其在生产中按工艺要求流动以完成各个化工过程。

1. 化工生产中常用的管子类型

常用管材分为金属管和非金属管两大类，金属管包括有缝钢管、无缝钢管、铸铁管、合金管、有色金属管等；非金属管包括陶瓷管、塑料管、橡胶管等。

有缝钢管也称水煤气管，大多用低碳钢制成，通常用来输送压力较低的水、暖气、压缩空气等，它又可以分为镀锌的白铁管和不镀锌的黑铁管；带螺纹的和不带螺纹的；普通的、加厚的和薄壁的。

无缝钢管是化工生产中使用最多的一种类型，它的特点是质地均匀、强度高，广泛应用于压强较高、温度较高的物料输送。

铸铁管通常用作埋于地下的给水总管、煤气管和污水管，也可以用来输送碱液和浓硫酸等腐蚀性介质，其优点是价格便宜，具有一定的耐腐蚀性，但比较笨重且强度低，不宜在有压力的条件下输送有毒、有害、容易爆炸以及如蒸汽一类的高温流体。

有色金属管常用的有铜管、铅管、铝管等，铜管（紫铜管）的导热性能特别好，适用于做某些特殊性能的换热器，且特别容易弯曲变形，又可用来作为机械设备的润滑系统或油压系统以及某些仪表管路等。铅对硫酸和10％以下的盐酸具有良好的抗腐蚀性能，适合作为这些料液的输送管路，但机械强度较低而且笨重，在需要机械强度较高的情况下，则往往采用在无缝钢管内表面搪上一层铅的搪铅管，从而既有机械强度又有耐腐蚀性，广泛用于输送浓硝酸、蚁酸、乙酸等物料。铝的导热性能好，也被广泛用来制造换热器。

塑料管最常用的有聚氯乙烯管、聚乙烯管，以及在金属表面喷涂丙烯、聚三氟乙烯的管道等，它具有良好的抗腐蚀性能以及重量轻、价格低、容易加工等突出优点，缺点是强度较低、耐热性差，但随着性能的不断改进在很多方面可以取代金属管。除此之外，还有常用来做临时管道的玻璃管和橡胶管，用作下水道或排放腐蚀性流体的陶瓷管等。

2. 管件与阀门

管路中的所用各种零件统称为管件，可以根据其在管路中的作用分为五类：①改变管路方向，如弯头；②连接管路，如三通、四通；③连接两段管道，如管箍、对丝、油任；④改变管路直径，如大小头、内外螺纹管接头（内外丝）；⑤堵塞管路，如丝堵、盲板。镀锌管螺纹连接常用的管件如图 4-1 所示。

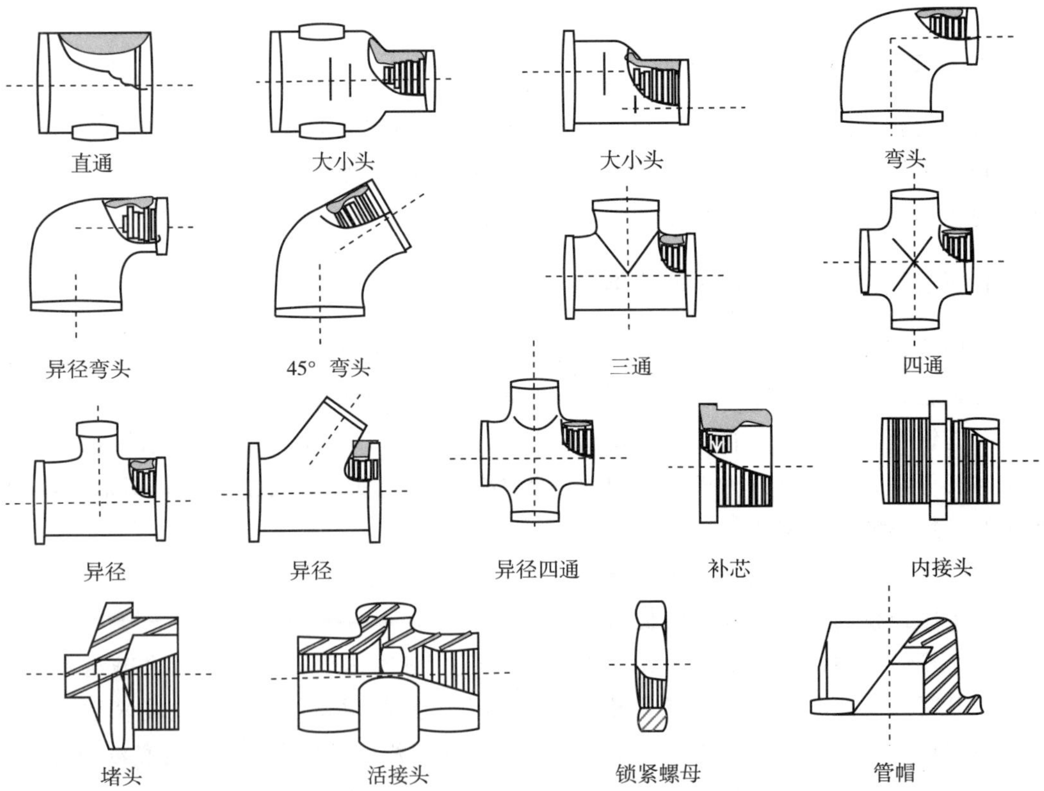

图 4-1　镀锌管螺纹连接常用的管件

阀门就是用来对管路中的流体流量和压强进行适当调节的装置，通常用铸铁、铸钢、不锈钢及合金钢制成，常用的有以下几种：

(1) 截止阀，也称球心阀。其关键零件是阀体内的阀座和阀盘，通过手轮使阀杆上下移动改变阀盘与阀座之间的距离，从而达到开启、切断及调节流量的目的。它的特点在于严密可靠，调节流量准确，但阻力较大，常用于蒸汽、压缩空气、真空管路及一般流体的管路中，但不能用于带有固体颗粒和黏度较大的介质。安装时，应保证流体从阀盘的下部向上流动及下进上出。

（2）闸阀。相当于在管道中插入一块和管径相等的闸门，闸门通过手轮来进行升降，从而达到启闭管路的目的。闸阀的形体较大，造价较高，制造维修均很困难，但全开时对流体的阻力小，常用于开启和切断，一般不用于调节流量或含有固体颗粒的料液。

（3）旋塞。旋塞是用来调节流体流量的阀门中最简单的一种，统称为“考克”，其主要部件是一个全空心铸件，中间插入锥形栓塞，栓塞中间有一个通孔，可以在阀体内自由旋转，当旋塞的孔正朝着阀体的进口时，流体从旋塞中通过，当它旋转 90°时其孔完全被阀门挡住，流体则不能通过而完全切断。旋塞的优点是结构简单、启闭迅速，全开时对流体阻力小，可适用于带固体颗粒的流体，其缺点是不能精密地调节流量，旋转时比较费劲，不适用于口径较大、压力较高或温度较低的场合。

除此之外，还有用来控制流体只能朝一个方向流动并能自动启闭的止回阀，又名“单向阀”，用于中高压设备，当压力超过规定值时可自动泄压的安全阀。随着化工生产的发展，新工艺、新设备不断出现，对管件与阀件的要求也越来越高。

二、管子的加工

1. 管子的切割

镀锌管的管径一般为 DN 小于等于 100 mm，适用于使用温度为－40～200 ℃的市政给水、建筑给水、一般工业供水等场合。镀锌管的强度高，但镀锌表面不平滑，易生锈和结垢，压力损失大。锌容易燃烧，因此，镀锌管不适宜采用焊接连接而常采用螺纹连接；当与带法兰的阀门连接时，法兰与管子的连接常采用螺纹连接。若采用焊接连接时必须做好焊接部位的防锈处理。镀锌管螺纹连接的步骤：测量长度→切断→套螺纹→缠绕填料→连接。镀锌管常用的切断方法主要有手工锯割、手工刀割、机械切割等。

（1）手工锯割：手工锯割所用的工具为锯弓架和锯条，一般适用于切断 DN 为 200 mm以下的管子；钢锯条可按每 25 mm 长度内的齿数分为粗齿（＜14 齿）、中齿（14～22 齿）、细齿（＞22 齿）三种规格。锯割时要求有 3 个齿同时参与切割，否则容易卡掉锯齿，因此锯割时应根据管子的壁厚合理选择锯条。一般地说，DN 为 40 mm 以下的管子宜选用细齿锯条，DN 为 50～200 mm 的管子可用中粗齿锯条。为保证切割断面与管子中心线垂直，锯割前需沿垂直于管子中心线方向，先用样板划好管子切断线；划线样板可采用较厚的纸张等不易折断的材料制成，样板长度为 $\pi\times(D-2)$（其中 D 为管子外径），宽度 50～100 mm，划线时将样板的一侧对准下料尺寸线处，并使样板紧紧包住管子，用划针或石膏笔沿样板侧面绕管子画一圈。锯割时将管子夹持在管子台虎钳（又称管压钳）上，锯割过程中要始终保持锯条与管子中心线垂直，若发现锯口歪斜，可将锯弓反方向偏移，待锯缝恢复原线后再扶正锯弓继续锯割，锯割较大的管子时可适当地向锯口处滴入机油以减少摩擦力；快要锯断时，锯割速度要减缓，力度要小，必须用锯断的方式而不能剩余一些用折断来代替锯割，以免管子变形而影响螺纹的套制及安装质量。

夹持管子时，需使用管子台虎钳，如图 4－2 所示。选择型号应与管子的规格相适应，若用大号管子台虎钳夹持小管子，容易压扁管子。不同型号管子台虎钳适用范围见表 4－1 所列。

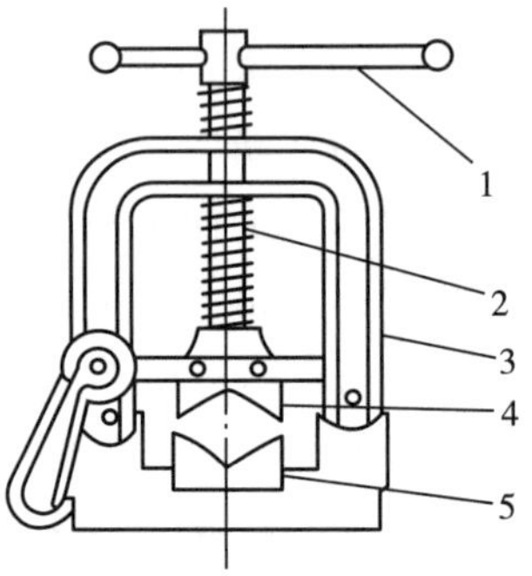

1—手柄；2—毕杆；3—龙门架；4—上钳口；5—下钳口。

图 4－2　管子台虎钳

表 4－1　管子台虎钳适用范围

管子台虎钳型号	1#	2#	3#	4#	5#
适用管子公称直径	15～50	25～65	50～100	65～125	100～150

（2）手工刀割：用管子割刀（又称割管器），如图 4－3 所示，切割管子的方法称为刀割。割刀由滚刀、压紧滚轮、滑动支座、螺杆、螺母及手轮等组成；割刀的选用见表 4－2 所列。

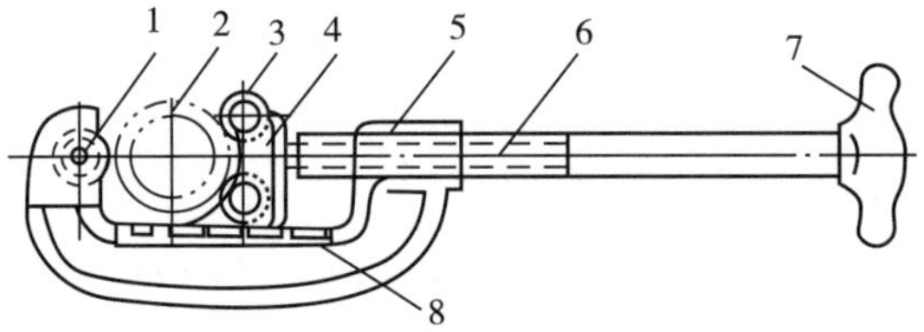

1—滚刀；2—被割管子；3—压紧滚轮；4—滑动支座；5—螺母；6—螺杆；7—把手；8—滑道。

图 4－3　割管器示意图

表 4－2　割刀型号表

割刀型号	1#	2#	3#	4#
适用管子公称直径	15～25	25～50	50～80	80～100

割管时必须将管子穿在割刀的两个压紧轮与滚刀之间，刀刃对准管子上的切断线，转动把手使两个滚轮适当压紧管子，但压紧力不能太大，否则转动切刀将很困难，还可能压扁管子；转动割刀之前，先在割断处和滚刀刃上加适量机油，以减少刀刃的磨损；每转动割刀一圈拧紧把手一次，滚刀即可不断地切入管子直至切断。若滚刀的刀刃不锋利或有崩刃要及时更换滚刀。

刀割的优点是切口平齐，操作简单，易于掌握，其切割速度较锯割快，但管子切断面因受刀刃挤压而使切口内径变小，为避免因管口断面缩小而增加管道阻力，可用锉刀或刮刀将缩小的部分去除。

（3）机械切割：机械切割可以减轻工人的劳动强度，常用的方法有弓锯床锯割、磨割、在电动套丝机上用切刀割断等；弓锯床锯割一般适用于壁厚大于 10 mm 的管子，对较小的管子不适用。

2. 螺纹的套制

管道螺纹连接采用英制 55°角的管螺纹，阀件、连接件由专业厂按标准制造，其内螺纹是圆柱形，为加强接口的防水效果，要求管端加工成圆锥形外螺纹；管子套螺纹的方法分手工套制和机械套制两种，套制的螺纹其质量要求如下：

（1）螺纹端正、不偏扣、不乱扣、光滑无毛刺，断口和缺口的总长度不超过螺纹全长的 10%，且在纵方向上不得有断缺处相连。

（2）螺纹要有一定的锥度，松紧程度要适中，螺纹套好后要用连接件试拧，以用手能拧进 2～3 圈为宜，过松则会导致连接后的严密性差，过紧则连接时容易将管件或阀门胀裂，或因大部分管螺纹露在管件外面而降低连接强度，值得注意的是螺纹的松紧与套制时扳牙位置的调整和套入管子的长度有关。

（3）螺纹安装到管件后以尚外露 2～3 扣为宜，管端的螺纹加工长度见表 4 - 3 所列。

表 4 - 3　管端的螺纹加工长度

管子公称直径		螺纹外径	螺纹内径	螺纹最大长度（mm）		连接阀门端螺纹长度
mm	in	mm	mm	一般连接	长螺纹连接	mm
15	1/2	20.96	13.63	14	45	12
20	3/4	26.44	24.12	16	50	13.5
25	1	33.25	30.29	18	55	15
32	11/4	41.91	38.95	20	65	17
40	11/2	47.81	44.85	22	70	19
50	2	59.62	55.66	24	75	21
65	21/2	75.19	72.23	27	85	23.5
80	3	87.88	84.98	30	95	26
100	4	113	110.08	36	106	—

手工套螺纹常用的工具有普通式铰扳和轻便式铰扳，管道工程施工中多选用普通式铰扳，轻便式铰扳一般用于管道的维修等工作量较小的场合。

（1）用普通式铰扳套螺纹：由于 3 in 以上的大直径管子套螺纹劳动强度大，一般用机器套制，因此，常见的普通式铰扳是 2 in 的，它的结构如图 4 - 4 所示，通过更换扳牙，可分别套制 1/2″、3/4″、1″、1″、1″、2″六种规格的管螺纹，相应的扳牙规格有 1/2″- 3/4″、1″- 1″、1″- 2″三组，每组扳牙有四块组成，将扳牙装入铰扳本体时必须按每个扳牙上所标 1－4 的顺序号按照顺时针方向对号入座，否则将套丝乱扣或无法套丝；使用时须在手柄孔 7 上装接一根或两根长手柄。

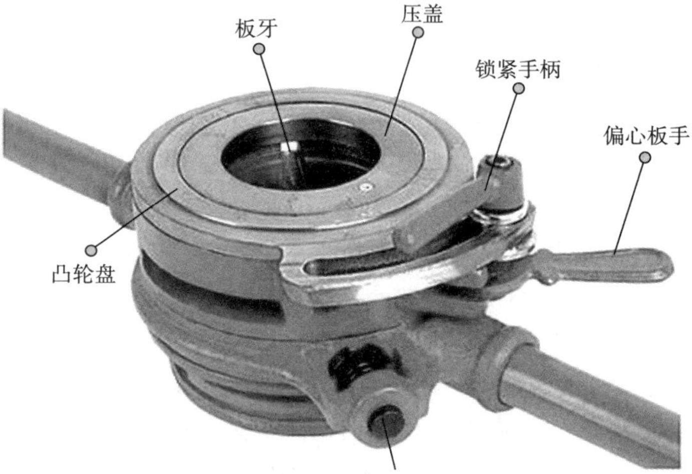

图 4 - 4　普通铰板结构示意图

用普通式铰扳套螺纹的步骤：

① 用毛刷清理干净铰扳本体，将与管子公称直径相对应的一组扳牙按顺序插入铰扳本体的扳牙室内，为保证套出合格的螺纹以及减轻切削力，套制时吃刀不宜过深，一般 DN25 以下的管子可一次套成。DN25 以上的管子宜分 2～3 次套成，根据以上条件，参照固定盘上的刻度将活动标盘旋转至相应的位置并固定。

② 将管子夹紧在合适的管子台虎钳上，管端伸出台虎钳约 150 mm，注意管口不得有椭圆、斜口、毛刺及喇叭口等缺陷。

③ 转动铰扳的后卡爪手柄使后卡爪张开至比管子外径稍大，把铰扳套入管子，此步骤需要注意的是后端先进，然后转动后卡爪手柄将铰扳固定在管子上，移动铰扳使扳牙有 2～3 扣夹在管子上，并压下扳牙开合把手。

④ 套丝操作时，人面向管子台虎钳两脚分开站在右侧，左手用力将铰扳压向管子，右手握住手柄顺时针扳动铰扳，当套出 2～3 扣丝后左手就不必加压，可双手同时扳动手柄；开始套螺纹时，动作要平稳，不可用力过猛，以免套出的螺纹与管子不同心而造成啃扣、偏扣，套制过程中要间断地向切削部位滴入机油，以使套出的螺纹较光滑以及减轻切削力；当套至接近规定的长度时，边扳动手柄边缓慢地松开扳牙开合把手套出 1～2 扣螺纹，以使螺纹末端有合适的锥度。

⑤ 转动铰扳的后卡爪手柄使后卡爪张开，取出铰扳，若是分次套制的，则重新调整扳牙并重复步骤 2～5 直至完全套好为止。

（2）用轻型铰扳套丝：在一套轻型铰扳中，有一个铰扳和若干个已装入不同规格扳牙的扳牙体，套丝时根据管径选取相应的一个可换扳牙体放入铰扳即可使用；由于这种铰扳体积较小，除了在工作台上套制螺纹外，还可在已安装的管道系统中就地套螺纹。用轻型铰扳套螺纹的步骤：

① 将管子夹紧在合适的管子台虎钳上，管端伸出台虎钳约 150 mm，注意管口不得有椭圆、斜口、毛刺及喇叭口等缺陷。

② 根据管径选取相应的一个可换扳牙体放入铰扳，将铰扳套进管子，拨动拨叉使铰扳能顺时针带着可换扳牙体转动；套丝操作时，人面向管子台虎钳两脚分开站在右侧，左手用力将铰扳压向管子，右手握住手柄顺时针扳动铰扳，当套出 2～3 扣丝后左手就不必加压，可双手同时扳动手柄；开始套丝时，动作要平稳，不可用力过猛，以免套出的螺纹与管子不同心而造成啃扣、偏扣，套制过程中要间断地向切削部位滴入机油，以使套出的螺纹较光滑以及减轻切削力；当套至规定的长度时，拨动拨叉使铰扳逆时针带着可换扳牙体转动退出管子即可。

若要在长度为 100 mm 左右的短管的两端套丝，由于如此短的管子夹持到管子台虎钳后，伸出的长度小于铰扳的厚度而无法套丝，为此，可先在一根较长的管子上套好一端的螺纹，然后按所需的长度截下，再将其拧入带有管箍（直通）的另一根管子上即可夹紧在管子台虎钳上进行套丝。

（3）在电动套丝机上切断、套丝：电动套丝机可进行管子的切断、套丝和扩口，图 4－5 是“EMERSON”牌 RT－2 型电动套丝机的结构图，需要说明的是不同厂家、不同规格的机器在结构和外观上会略有不同，但主要的功能是一样的。

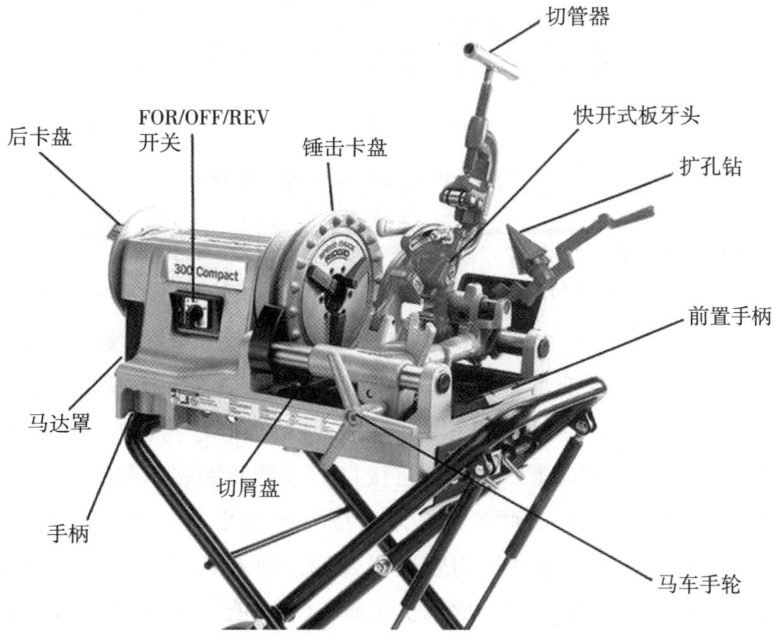

图 4－5　“EMERSON”牌 RT－2 型电动套丝机结构示意图

三、管路的连接

管路的连接包括管子与管子、管子与各种管件、阀门与设备接口处的连接。目前工程上常用的是以下几种连接方式。

(1) 法兰连接。法兰连接是工程上最常用的一种连接方式，法兰与钢管通过螺纹或焊接在一起，铸铁管的法兰则与管身铸为一体，法兰与法兰之间装上密封垫片，比较常用的垫片材料有石棉板、橡胶或软金属片等。其优点是拆装方便，密封可靠，适用的温度、压力、管径范围大，缺点是价格稍高。

法兰连接主要用于需要拆卸、检修的管路上，例如水泵、水表、阀门等带法兰盘的附件在管路上的安装，如图 4－6 所示。

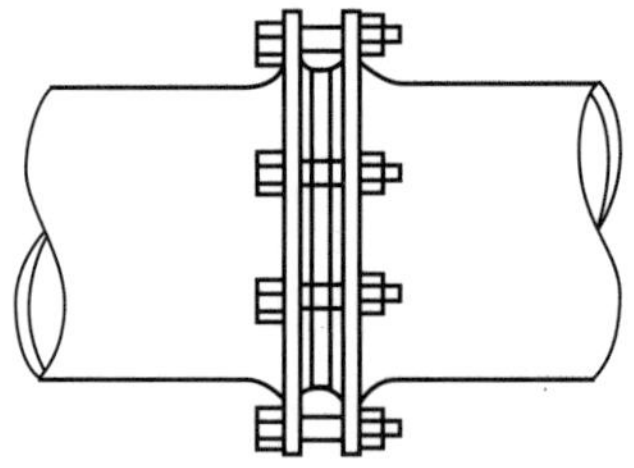

图 4－6　法兰连接示意图

(2) 螺纹连接。螺纹连接是借助于一个带有螺纹的“活管接”将两根管路连接起来的一种连接方式，主要用于管径较小（＜65 mm）、压力也不大（＜10 MPa）的有缝钢管，其先在管的连接端绞出外螺纹丝口，然后用管件“活管接”将其连接。为了保证密封，通常在螺纹连接处缠以涂有油漆的麻丝、聚四氟乙烯薄膜等。螺纹连接的优点是拆装方便，密封性能比较好，但可靠性没有法兰连接好。常用螺纹连接的方法，如图 4－7 所示。

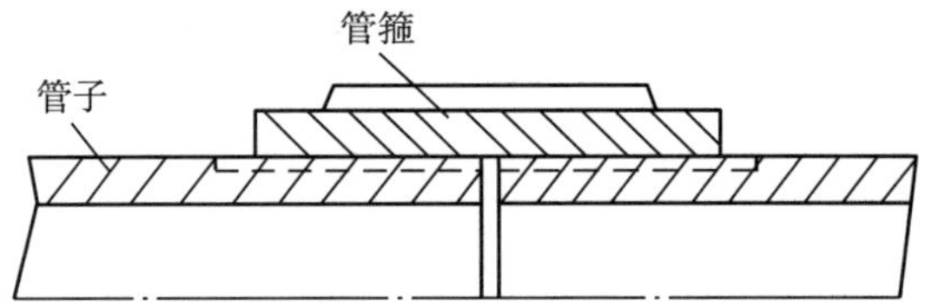

图 4－7　常用螺纹连接方法示意图

(3) 承插连接。适用于铸铁管、陶瓷管和水泥管，它是将管子的小端插在另一根管子大端的插套内，然后在连接处的环隙内填入麻绳、水泥或沥青等密封物质。它的优点是安装比较方便，允许两个管段的中心线有少许偏差，缺点是难以拆卸，耐压不高，主要用于埋在地下的给排水管道中。铸铁管、混凝土管、缸瓦管、塑料管等常用承插连接，如图 4－8 所示，承插接口根据使用的材料不同分为铅接口、石棉水泥接口、沥青水泥接口、膨胀性填料接口、水泥砂浆接口、柔性胶圈接口等。

(4) 焊接。焊接是比上述三种方法更为经济方便也更严密的一种连接方式。煤气管和蒸汽、压缩空气、真空等各种压力管路以及输送物料的管路都应当尽量采用焊接，但它只能用在不需拆卸的场合。为了检修的方便，绝不能把全部管路都采用焊接。

以上四种连接方式中，以螺纹连接最为常见，下面着重介绍其连接方法。

(1) 常用工具：管道螺纹连接时常用的工具是管钳（俗称水管钳）、链钳、活动

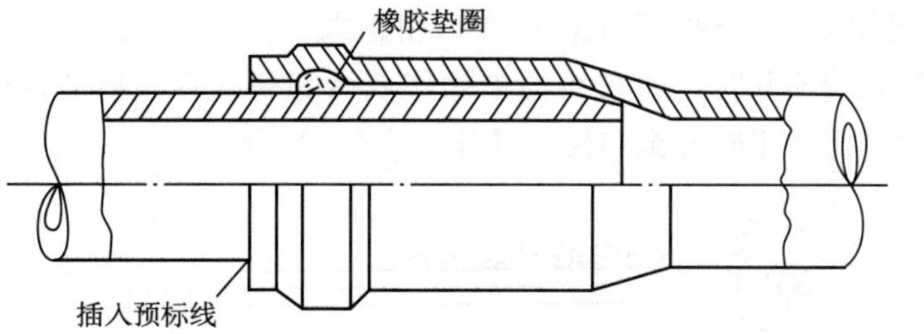

图 4-8　承插连接示意图

扳手、呆扳手等，如图 4-9 所示。扳手适用于内接等带方头的管件及小规格阀门的连接。

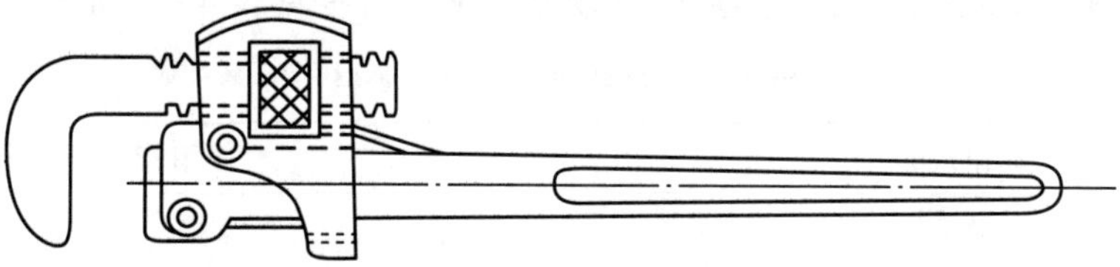

图 4-9　管钳示意图

① 管钳：管钳的规格是以钳头张口中心到钳把尾端的长度来标称的，选用管钳时可参照表 4-4。若用大规格的管钳拧紧小口径的管子，虽然因钳把长而省力，但也容易因用力过大拧得过紧而胀破管件或阀门；反之，若用小管钳去拧紧大管子则费力且不易拧紧，而且容易损坏管钳。由于钳口上的齿是斜向钳口的，因此，拧紧和拧松操作时钳口的卡进方向是不同的，使用时卡进方向应与加力方向一致。为保证加力时钳口不打滑，使用时可一手按住钳头，另一手施力于钳把，扳转钳把时要平稳，不可用力过猛或用整个身体加力于钳把，防止管钳滑脱伤人，特别是双手压钳把用力时更应注意。

表 4-4　管钳选用参照表

管钳规格	钳口宽度	适用管子范围
200	25	DN3～15
250	30	DN3～20
300	40	DN15～25
350	45	DN20～32
450	60	DN32～50
600	75	DN40～80
900	85	DN65～100
1025	100	DN80～125

② 链钳：链钳如图 4-10 所示，主要运用于大口径管子的连接，当施工场地受限制用张开式管钳旋转不开时，如在地沟中操作或所安装的管子离墙面较近时也使用链钳；高空作业时采用链钳较安全和便于操作。

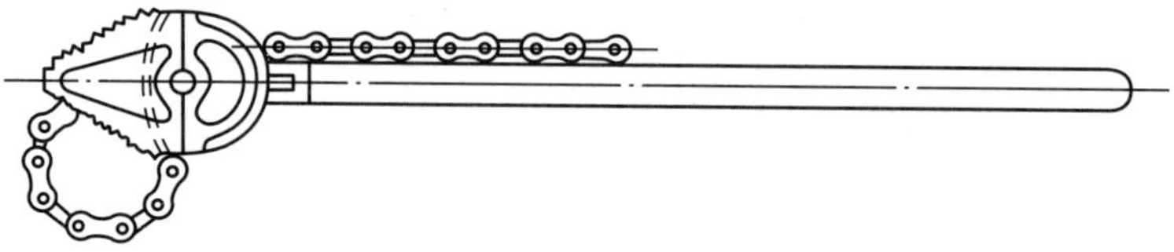

图 4-10　链钳

链钳的使用方法：把链条穿过管子并箍紧管子后卡在链钳另一侧上，转动手柄使管子转动即可拧紧或松开管子的连接，其规格及适用管径见表 4-5 所列。

表 4-5　链钳规格及适用管径

链钳规格	适用管径
350	DN25～32
450	DN32～50
600	DN50～80
900	DN80～125
1200	DN100～200

（2）常用填料：螺纹连接的两连接面间一般要加填充材料，填充材料有两个作用，一是填充螺纹间的空隙以增加管螺纹接口的严密性；二是保护螺纹表面不被腐蚀。常用的填料及其用途参照表见表 4-6 所列。

表 4-6　常用的填料及其用途参照表

填料种类	适用介质
聚四氟乙烯生料带（俗称水胶布）	供水、煤气、压缩空气、氧气、乙炔、氨、其他腐蚀性常温介质
麻丝、麻丝＋白铅油	供水、排水、压缩空气、蒸汽
白铅油（铅丹粉拌干性油）	供水、排水、煤气、压缩空气
一氧化铅、甘油调和剂	煤气、压缩空气、乙炔、氨
一氧化铅、蒸馏水调和剂	氧气

（3）连接步骤：①缠绕填料或涂抹填料。连接前清除外螺纹管端上的污染物、铁屑等，根据输送的介质、施工成本选择合适的填料。当选用水胶布或麻丝时，应注意缠绕的方向必须与管子或内螺纹的拧入方向相反，或人对着管口时顺时针方向。缠绕量要适中，过少起不了密封作用，过多则造成浪费。缠绕前在螺纹上涂上一层铅油可

以较好地保护螺纹不锈蚀。②拧接管件：缠绕或涂抹填料后，先用手将管子或管件、阀门等拧入连接件中2～3圈，再用管钳等工具拧紧，如果是三通、弯头、直通之类的管件拧劲可稍大，但阀门等控制件拧劲不可过大，否则极易将其胀裂。注意，连接好的部位一般不要回退，否则容易引起渗漏。

另外，在实验室和化工厂中，尤其是在压力不是很高的情况下，还可以采用软连接，即用塑料等材料制成的软管将两金属硬管连接，连接处用包箍密封。

四、管路的布置与安装

加工管路的布置是由设备的布置来确定的，要正确地布置和安装管路就必须明确生产工艺的特点和操作条件的要求，遵循管路布置和安装的原则，绘制出配管图。管路的组装方式大致可分为两类：一类是可拆式，即用法兰、丝扣、填料等方法连接；另一类是不可拆式，主要是采用焊接方法连接。本课程实训的重点是可拆式管路系统。

在实际管路布置与安装时，首先应考虑到安装、检修、操作上的方便与人身安全；其次应尽可能减少基建费用。另外，还需根据生产的特点、设备的布置、物料的性质以及建筑的结构等方面进行综合考虑。

（1）便于安装、检修、操作和节省基建费用等。具体包括：除了下水道、上水总管和煤气管外，管路铺设应尽可能采用明线；并列管路上的管件和阀门应互相错开；车间内的管路应尽可能沿厂房墙壁安装，管与管之间和管与墙壁之间的距离以能容纳活动接头或法兰，以及便于检修为宜；管路的倾斜度通常为3/1000～5/1000，对含有固体结晶或颗粒较大的物料管应不小于1/100。为了便于区别各种类型的管路，通常应在管路的保护层或保温层表面涂以颜色。

（2）保证操作与人身安全。包括：所有管路，特别是输送腐蚀性介质的管路，在穿越通道时，不得装设各种管件、阀门以及可拆卸连接，以防止因滴漏而造成对人体的伤害；管路离地面的高度以便于检修为准，但通过人行横道时，最低点距离地面不小于2 m，通过公路时不得小于4.5 m，与铁路路轨净距离不得小于6 m；输送腐蚀性介质的管路与其他管路并列时，应保持一定距离，而且其位置应该略低一些，或使用三角支架，避免发生滴漏时影响其他管路；输送醇类、烃类流体等易燃易爆物料时，由于在物料流动时常有静电产生而使管路成为带电体，必须将管路可靠接地。随着季节的变化以及管道中介质温度的影响，管路的工作温度往往与安装时的温度相差较大。由于热胀冷缩的作用，管子的长度亦要相应地发生变化。

（3）尽量降低基建费用和操作费用。各种管路应集中铺设，这样可以共同利用管架，铺设要尽量走直线，少拐弯少交叉，而且力求整齐美观。热的管路应当避开冷的管子，特别是冷冻盐水的管路，衬橡胶管或聚乙烯管应避开热的管路，如果这些管路装在同一支架上，应将热的管路装在最上面；管路安装完毕后，应按规定进行强度和严密性试验，未经试验合格在焊接及其他连接处不得涂漆和保温，管路在使用前需用压缩空气或惰性气体进行吹扫。

五、管路拆装课程预习资料

1. 管子

管子的连接需要各种管件，流体流量的控制和调节需要各种阀门，管子和各种管件、阀门等组合称为管路，化工管路在生产中的作用主要是用来输送各种气体、液体等流体介质，使其在生产中按工艺要求流动以完成各个化工过程。

（1）化工生产中常用的管子类型

常用管材分为金属管和非金属管两大类，金属管包括有缝钢管、无缝钢管、铸铁管、合金管、有色金属管等；非金属管有陶瓷管、塑料管、橡胶管等。

有缝钢管也称水煤气管，大多用低碳钢制成，通常用来输送压力较低的水、暖气、压缩空气等，它又可以分为镀锌的白铁管和不镀锌的黑铁管；带螺纹的和不带螺纹的；普通的、加厚的和薄壁的。值得注意的是镀锌白铁管中锌的作用，锌可以在含二氧化碳的潮湿空气中形成碱式碳酸锌致密保护膜，防止进一步腐蚀。另外，当镀锌层被破坏后，锌可以作为原电池负极先于铁发生腐蚀，从而保护铁。

无缝钢管是化工生产中使用最多的一类管材，它的特点是质地均匀、强度高，能够广泛应用于压强较高、温度较高的物料输送。需要注意的是无缝钢管是用实心管坯经穿孔后轧制而成，分为热轧和冷轧。热轧在再结晶温度以上进行，冷轧在再结晶温度以下进行。

铸铁管通常用作埋于地下的给水总管、煤气管和污水管，也可以用来输送碱液和浓硫酸等腐蚀性介质，其优点是价格便宜，具有一定的耐腐蚀性，但比较笨重、强度低，不宜在有压力的条件下输送有毒、有害、容易爆炸以及如蒸汽一类的高温流体。

有色金属管常用的有铜管、铅管、铝管等，铜管的导热性能特别好，适用于做某些特殊性能的换热器，且特别容易弯曲变形，又可用来作为机械设备的润滑系统或油压系统以及某些仪表管路等。铅对硫酸和质量分数为10%以下的盐酸具有良好的抗腐蚀性能，适合作为这些料液的输送管路，但机械强度较低而且笨重，在需要机械强度较高的情况下，则往往采用搪铅管，即在无缝钢管内表面搪上一层铅，从而既有机械强度又有耐腐蚀性，广泛用于输送浓硝酸、蚁酸、乙酸等物料。铝的导热性能好，也被广泛用来制造换热器。

塑料管最常用的有聚氯乙烯管、聚乙烯管，以及在金属表面喷涂丙烯、聚三氟乙烯的管道等，它具有良好的抗腐蚀性能以及重量轻、价格低、容易加工等突出优点，缺点是强度较低、耐热性差，但随着性能的不断改进在很多方面可以取代金属管。除此之外，还有常用来做临时管道的玻璃管和橡胶管，用作下水道或排放腐蚀性流体的陶瓷管等。

聚氯乙烯管（PVC管）可分为硬质PVC（UPVC）和软质PVC，其中硬质PVC

大约占市场的 2/3，软质 PVC 占市场的 1/3。聚乙烯管（PE 管）主要用于饮用水、废水以及有害废物和压缩气体的安全输送。聚丙烯管（PP 管）主要适用于食品、饮用水和超纯净的水域，以及制药、化工等行业。其中，最常见的是 PPR 管，即三型 PP 管或无规共聚 PP 管，是在装修行业中使用最多的管材，例如 PPR 冷热水管价格便宜，施工方便，热水管更厚，耐压更高，管上标识有红线，冷水管上标识用蓝线加以区分。

（2）管径选择及标注

最简单明了的表示方法是在管道的外侧标注实际外径×实际壁厚，例如：Φ114.3×6.02 即表示管道外径为 114.3 mm，壁厚为 6.02 mm。但在很多情况下，为了便于设计，管道口径多用公称直径来表示，例如 DN100，4″等。壁厚用管标号 SCH 加上数字来表示，如 SCH80，SCH 是美标钢管的壁厚系列，非实际壁厚。需要注意的是，这些数值不代表实际外径或实际壁厚，它们只是一种标识。

在专业领域内规定统一使用公称直径（nominal diameter）来表示管径的尺寸，名义上的公称直径又称为平均外径（mean outside diameter），源自金属管的管壁很薄，管的外径和内径相差无几，所以取外径与内径的平均值当作称呼。公称直径是接近于内径但是又不等于内径的一种管子直径的规格名称。公称直径的单位分为两种，一般用公制（DN）mm 和英制（NB）inch 来表示。

公制和英制之间可以进行换算，在英制中较为常见的说法包括 4 分、6 分、1 寸等，其中 1 寸等于 8 分，具体换算见表 4-7 所列。在某些时候由于规范不同，外径会有些许差异，例如 1 英寸＝8 英分＝25.4 mm，4 分＝12.7 mm＝半寸，6 分＝19.05 mm＝3/4 寸等。

表 4-7　常用的公制和英制尺寸换算表

DN（mm）	NB（inch）	外径 OD（mm）	俗称
DN6	1/8″	10	1 分管
DN8	1/4″	13.5	2 分管
DN10	3/8″	17	3 分管
DN15	1/2″	21.3	4 分管
DN20	3/4″	26.7	6 分管
DN25	1″	33.4	1 寸管
DN32	$1\frac{1}{4}$″	42.2	（1）寸 2
DN40	$1\frac{1}{2}$″	48.3	（1）寸半
DN50	2″	60.3	2 寸

（续表）

DN（mm）	NB（inch）	外径 OD（mm）	俗称
DN65	$2\frac{1}{2}''$	73.0	2 寸半
DN80	$3''$	88.9	3 寸
DN100	$4''$	114.3	4 寸

有时候也会见到用 De 来表示管子外径的尺寸，一般采用 De 标注的情况均需要标注成外径 x 壁厚的形式。国家标准《给水排水制图标准》（GB/T 50106—2010）中规定，水煤气输送钢管（镀锌或非镀锌）、铸铁管等管材，管径宜以公称直径 DN 表示，如 DN15、DN50；无缝钢管、焊接钢管（直缝或螺旋缝）、铜管、不锈钢管等管材，管径宜以外径 Dx 壁厚表示，如 D108x4、D159x4.5；钢筋混凝土（或混凝土）管、陶土管、耐酸陶瓷管、缸瓦管等管材，管径宜以内径 d 表示，如 d230、d380；塑料管材，管径宜按产品标准的方法表示，一般用 De；当设计均用公称直径 DN 表示管径时，应有公称直径 DN 与相应产品规格对照表，在设计图纸中使用公称直径的目的是根据公称直径确定管子、管件、阀门、法兰、垫片等结构尺寸与连接尺寸。

2. 管道连接

管道连接方式由管道用途和管道材质所决定。

管道软连接也称为管道柔性连接器，是一种用于连接两段不同材质或不同规格管道的元件。它主要由橡胶、帆布、钢丝和带法兰的金属部分组成。管道软连接可以吸收管道在运行中产生的线膨胀、热胀冷缩、振动和位移，同时保证管道的连接性能。将胀管器插入管子头，使管子头发生塑性变形，直至完全贴合在管板上，并使管板孔壁周围发生变形，然后拔出胀管器。由于管子发生的是塑性变形，而管板仍然处在弹性变形状态，扩大后的管径不能缩小，而管板孔壁则要恢复弹性而使孔径变小，这样就使管子与管板紧紧地连接在一起了。管道软连接适用于输送水、油、气等流体介质的管道系统。其主要作用是减少管道系统中的噪音、震动和冲击，延长管道的使用寿命，同时保证介质的安全输送。

膨胀节是一种用于补偿管道线路因热胀冷缩、振动和结构移动而产生的位移和应变的装置。它通常由金属管体、法兰和密封材料组成。膨胀节可以吸收管道中产生的热应力和线膨胀引起的位移，同时保证管道的连接性能。膨胀节适用于输送高温、高压介质或有振动和冲击的管道系统。其主要作用是减少管道系统中的应力和位移，降低管道系统的噪音、振动和冲击，同时保证介质的安全输送。

PVC 管道是一种常用的塑料管道，具有耐腐蚀、价格低廉、安装方便等特点，PVC 管道在实际施工过程中一般使用粘接，在粘合 PVC 管道时，需要选择适合 PVC 材质的胶水。

对于PP管的连接，热熔连接是最常见的一种方式。这种方法通过加热PP管的端部，使其达到熔化状态，然后迅速将两根管子对接，冷却后即可实现连接。这种连接方式强度高，密封性好，适用于高压、高温的场合。

卡套和卡箍连接也是日常使用的连接方法，卡套连接是指将两段管道通过卡套连接在一起，并在安装时使用卡夹将其夹紧，从而达到连接管道的目的。卡套连接的结构相对简单，只需将卡套插入管道，再使用卡夹夹紧即可，因此具有方便快捷、易于安装的优点。卡箍连接是指将两段管道通过卡箍连接在一起，从而达到连接管道的目的。卡箍连接具有连接牢固、密封性好等特点，广泛应用于各类管道的连接。

例如地下排污管道一般使用混凝土管通过承插的方式进行连接。承插连接主要用于带承插接头的铸铁管、混凝土管、陶瓷管、塑料管等。承插连接接口主要有青铅接口、石棉水泥接口、膨胀性填料接口、胶圈接口等。承插管分为刚性承插连接和柔性承插连两种。刚性承插连接是用管道的插口插入管道的承口内，对位后先用嵌缝材料嵌缝，然后用密封材料密封，使之成为一个牢固的封闭的整体；柔性承插连接接头在管道承插口的止封口上放入富有弹性的橡胶圈，然后施力将管子插端插入，形成一个能适应一定范围内的位移和振动的封闭管。

焊接连接是管道中应用最广泛的连接方式，各种钢管、铜管、铅管等均可焊接。焊接连接是将管子接口处及焊条加热，达到金属熔化的状态，使两个被焊件连接成一整体。焊接的方法很多，最常用的有手工电弧焊，氧-乙炔气焊与氩弧焊。焊接的优点是焊口牢固、耐久、严密性好，焊缝强度一般可达到管子强度的85%以上，甚至超过母材强度；管段间直接焊接，不需要接头配件，构造简单，成本低，使用后运行可靠，不需要经常维修，施工进度快，劳动强度低。

管道的法兰连接是用螺栓将固定在管件上的一对法兰盘拉紧封闭，使管件连接成一个可以拆卸的整体。其连接强度高，便于拆卸，应用较广泛。从法兰的密封面形式划分，平焊法兰中有光滑面法兰、凹凸面法兰；常用对焊法兰中有光滑面法兰、凹凸面法兰和榫槽面法兰。法兰紧固件是指连接法兰所用的螺栓、螺母和垫圈。法兰连接拆卸方便且耐腐蚀，但是普遍存在加工贵、紧螺栓麻烦、质量重、占地方等缺点。

螺纹连接又称丝扣连接，是通过内外管螺纹的旋合将管道连接成一个整体，对口螺纹连接时，一般是在其他管子端部加工外螺纹，拧上带内螺纹的管子配件，然后与其他管段连接，构成管路系统。螺纹连接加工简单，成本低。管道螺纹连接主要用于镀锌焊接钢管的连接；设计文件或施工验收规范允许的非镀锌焊接钢管的连接，如给排水、采暖、燃气、压缩空气支管等；管道与螺纹阀件、仪表附件以及带管螺纹的机械管口的连接等。

值得注意的是，螺纹连接时应在管子的外螺纹与管件或阀门的内螺纹之间加上生料带等适当填料。在实际操作过程中需要注意生料带的缠绕方法，需要顺着螺纹方向顺时针缠绕，如果反方向缠绕会大大降低密封性能，一般情况下缠绕12～15圈，以实际情况为准。不要把所有螺纹都缠上生料带，除了避免生料带进入管道，也会降低密封性能，因此建议从螺纹始端的第二个丝牙开始缠绕，把第一个丝牙留出来。缠绕生料带时需要稍微用力，保证生料带不被拉断的情况下缠绕，这种方式缠出来的生料带才够紧致牢固，确保密封性。最后生料带缠好后，一旦拧紧不可以往回拧进行退丝，否则要重新缠绕。

3. 管件和阀门

管路中的所用各种零件统称为管件，可以根据其在管路中的作用分为五类：①改变管路方向，如弯头；②连接管路，如“三通”“四通”；③连接两段管道，如“素接（管箍）”“对丝”“活接（油任）”；④改变管路直径，如“大小头”；⑤堵塞管路，如“丝堵”“盲板”。

一般地讲，在整条管线中，除直管以外的各种配件可以统称为管配件。不过按照惯例将弯头、三通、大小头、管帽及各种管接头径称为管件，同时将法兰、阀门、膨胀节、管道支架等分别称呼。以下主要就管件进行细分：

（1）常用管件

对于 DN＞150 的大管径钢管，一般采用焊接、煨弯（把管加工成弯头）、制作管件等方法来解决；对于 DN＜150 的小管径钢管，采用螺纹连接的钢管，就需要用各种不同规格的管件。钢管管件由可锻铸铁或软钢制成，有镀锌的和不镀锌的两种，均为螺纹连接。其中，用来连接两段管道分为外丝和内丝的素接，以及方便进行拆卸检修的活接，活接包括公口、母口、套母和垫圈，如图 4－11 所示，垫圈在套母的卡槽内，经过活接的管路流向始终是从公口流向母口，在实际拆装时需注意活接使用垫圈密封，不需要生料带；公口和母口配套使用不可混用；使用时先拆后装，先将两头管子装好再装活接，套母套在公口上；尽量少使用，满足检修要求即可。

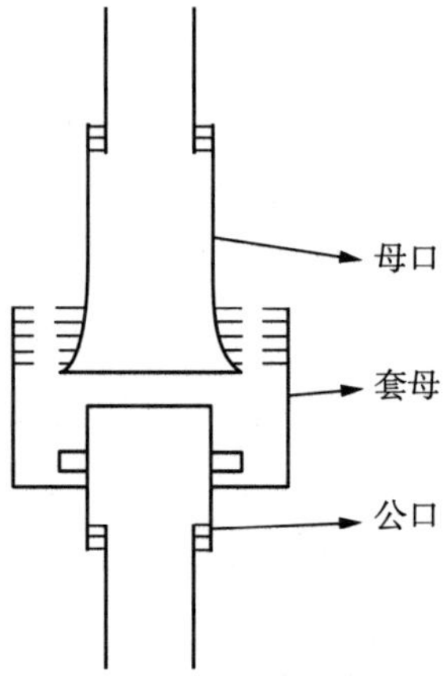

图 4－11　活接示意图

（2）常用阀门

球阀是利用一个中间开孔的球体作阀芯，靠旋转球体来控制阀的开启和关闭，如图 4－12 所示。优点是结构简单、体积小、零件少、重量轻、开关迅速、操作方便、流体阻力小；缺点是流量不准、只用于开关控制、不耐高温、不耐腐蚀、难扳。

闸阀是利用闸板来控制启闭的阀门，其主要零件是闸板和阀座，如图 4－13 所示。它的特点是比较严密，可以利用闸板的开度控制过流量，当全打开时，通过的流体可不改变流动方向，阻力小。常用于上水管道和热水供热管道，也常用作供热管网、泄水阀和小型锅炉的排污阀。闸阀的优点是耐高温，全开阻力损失小，价格低，控流量，拧起来轻松；缺点是易坏，容易漏水。

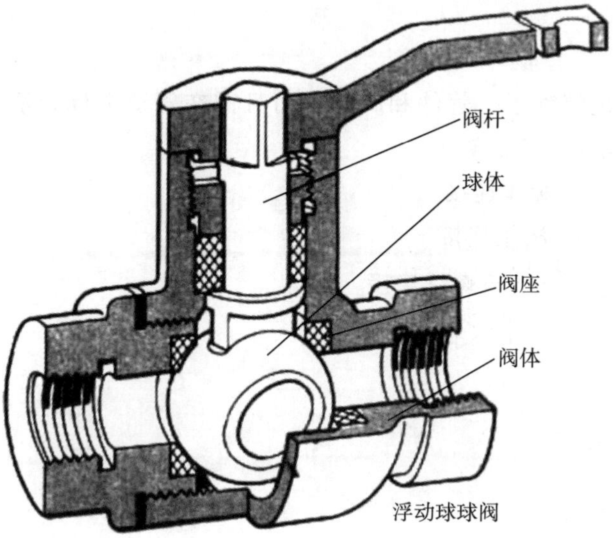

图 4 - 12　球阀示意图

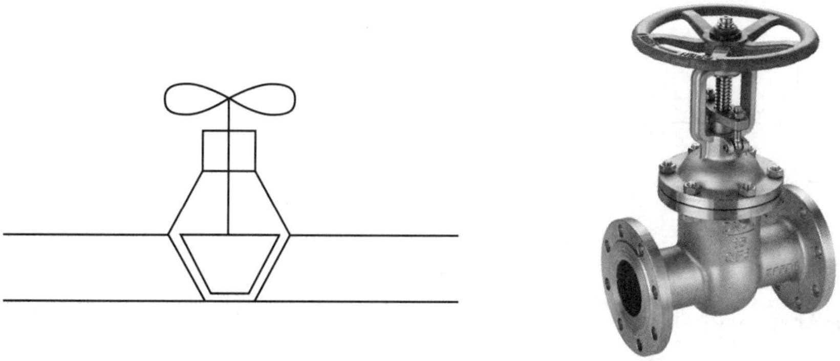

图 4 - 13　闸阀示意图

截止阀主要的启闭零件是阀盘与阀座，如图 4 - 14 所示，改变阀盘与阀座间的距离和通道截面的大小，但是变化的幅度较小没有闸阀那么随意。阀盘的位置由阀杆控制，为了防止介质由阀杆漏出，故用压紧填料来密封。截止阀多用于蒸汽管道和给水管道上，用来调节水量。其优点是密封性好、开启省力，调流量准确，关闭后填料不与介质接触，便于检修；缺点是通过流体要改变方向时阻力较大，安装要注意方向，要求为低进高出，且价格较高。

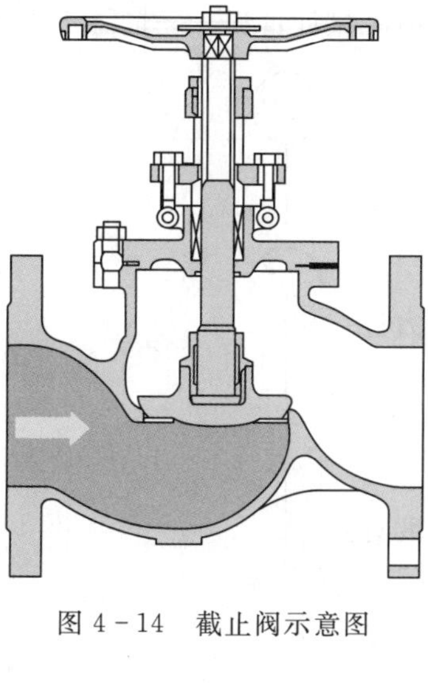

图 4 - 14　截止阀示意图

4. 装配画法

完整的管路图包括管子、管件和阀门，而且需在管道上标识箭头表示流向。常用的装配画法如下所示：

管路： 螺纹连接

 法兰连接

截止阀： 螺纹连接

法兰连接阀门：

闸阀：

球阀：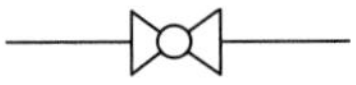

三通：

弯头：

素接：

堵头：

大小头：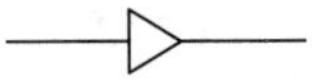

活接：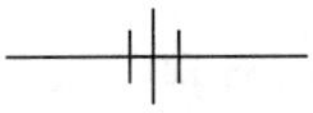

转子流量计：

涡街流量计：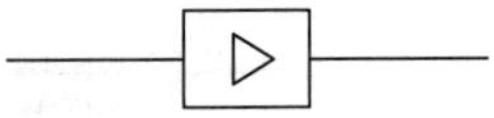

真空表：

压力计：

温度计：

三通+素接+弯头：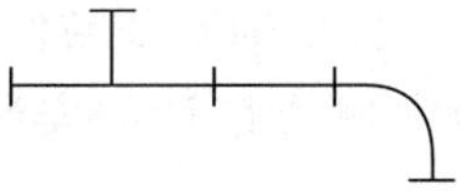 正确画法

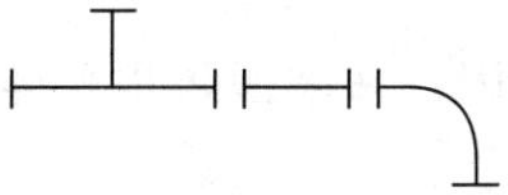 错误画法

三通+堵头：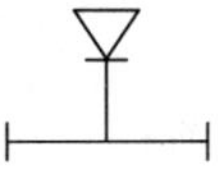

三通+素接+堵头：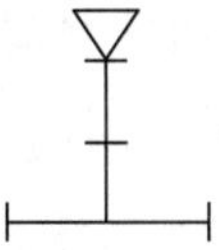

管在后，三通向上口朝外：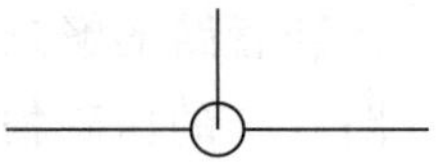

管在前，三通向下口朝里：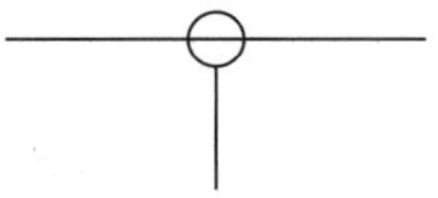

图 4-15 是一张管路示意图，请尝试数一数一共有多少管子、多少管件和多少阀门。并尝试用现有的工具进行装配。

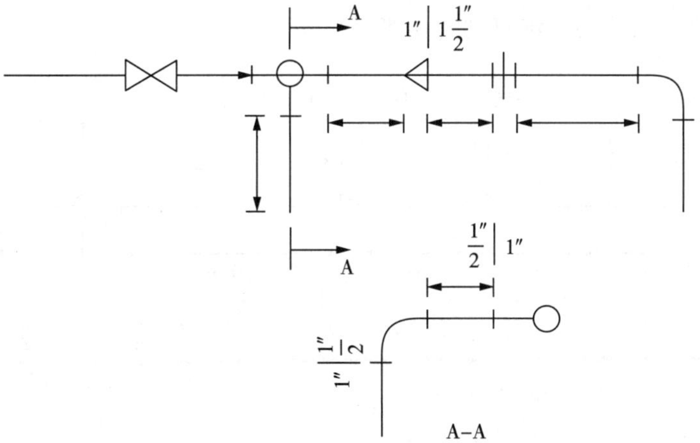

图 4-15　管路示意图 1

第二节　管路拆装实习实训

一、实训目标

（1）认识各种管子、阀门和管件，掌握管路拆装的方法。

（2）掌握流体在管路内流动阻力的计算与测定方法。

（3）了解离心泵的结构、性能及特点，学会正确安装与使用离心泵。

（4）了解流量计的结构、性能及特点，掌握流量计的安装、使用及流量计的校核方法。

（5）正确分析管路系统故障产生的原因，并掌握防止和排除故障的方法。

二、实训任务

（1）根据工艺要求及现场条件测量设计并绘制管路配管图；

（2）根据配管图加工管子，选用阀门、弯头、三通等必需管件；

（3）按照配管图，亲自动手安装，要求掌握管子、阀门、弯头等管件安装的基本技术；

（4）在老师指导下进行开泵试压，保证管路的畅通无泄漏；

（5）根据管路的实际布置，计算管路系统的压降损失，并与实际测量值进行比较；

（6）实训结束后，提交实训报告。

三、实训内容

图 4－16 是教学管路示意图 2，首先对照管路图进行管路安装，注意不能更换管子的位置，安装完成后需打开水泵检测是否漏水，再根据实际安装的管路进行绘图，待判定绘图成绩后拆除管路，恢复到初始零件状态。

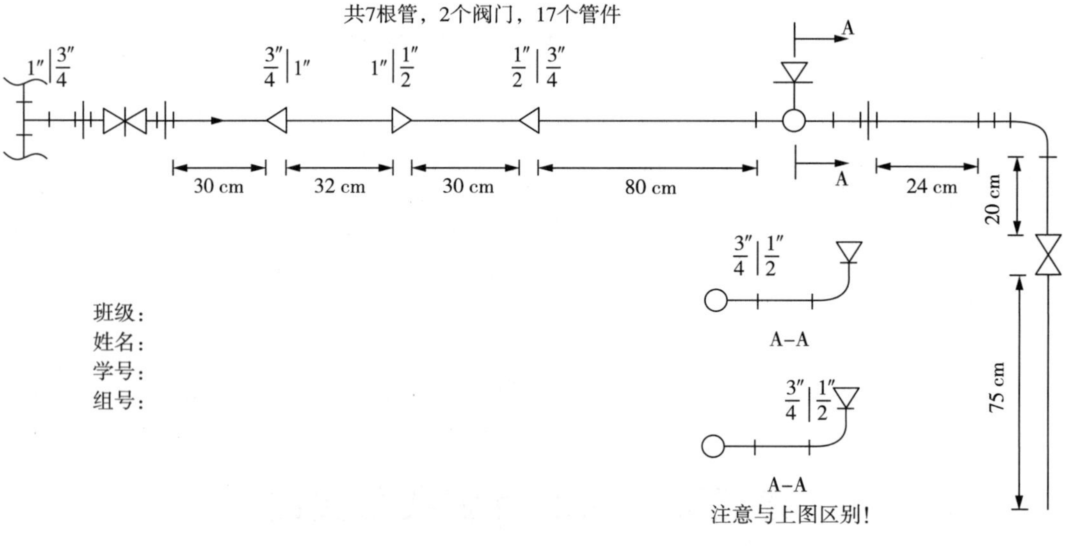

图 4－16　教学管路示意图 2

图 4－17 是教学管路示意图 3。

在理论学习的基础上，增加设计管路并安装的课程环节，要求设计合理，内容丰富，空间合理，管子末端能进入水箱，高度合适，不能碰到塑料管、架子、传感器等，

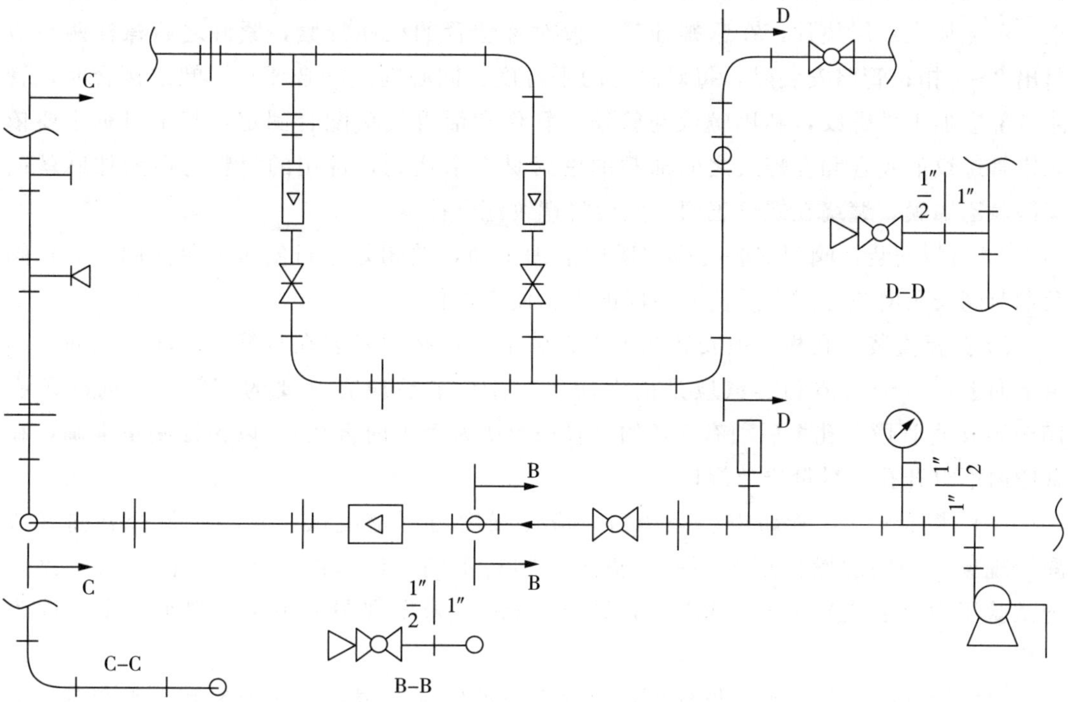

图 4 - 17　教学管路示意图 3

在 2 小时内能完成安装、测压和拆卸步骤，管长 40 cm 以下每个最多 3 根，40 cm 最多 2 根，40 cm 以上 1 根，连接件不少于 10 个，至少 2 种管径，至少 2 处弯头，方便安装压力表，压力表为 1/2″，要预留 1/2″外螺纹接头，进出口有阀门，压力表在横管上。需要注意的是设计图与原图要有区别，越接近分数越低，可借鉴最开始部分。建议不要设计成并联的形式或者支路的形式，不方便安装。

（1）选用管件与加工管子：本训练的管路系统大体确定，要求在安装前首先测绘原有的管路系统，在所绘配管图的基础上选用必需的管件，并加工合适的管子，包括管子的手工锯割、手工刀割、手工套制管子螺纹等。要求管件选型恰当、方便安装，管子长度适宜、切口平齐，螺纹端正、光滑无毛刺。

（2）组装管路系统：可拆式管路系统在组装时，先将管路按现场位置分成若干段组装，然后从管路一端向另一端固定接口逐次组合，也可以从管路两端接口向中间逐次组合，但在组合过程中，必须经常检查管路中心线的偏差，尽量避免因偏离过大而造成最后合拢的接口处错口太大的问题。管路的安装工作包括管路安装、法兰和螺纹接合、阀门安装、孔板安装等，各项的具体要求如下。

① 管路安装：管路的安装应保证横平竖直，水平管偏差不大于 15 mm/10 m，全长偏差不能大于 50 mm，垂直管偏差不能大于 10 mm。

② 法兰和螺纹接合：法兰安装要做到对得正、不反口、不错口、不张口，紧固法

兰时要做到未加垫片前将法兰密封面清理干净，其表面不得有沟纹；垫片的位置要放正，不能加入双层垫片，在紧螺栓时要按对称位置的秩序拧紧，紧好之后螺栓两头应露出 2～4 扣；管路安装时，每对法兰的平行度、同心度应符合要求。螺纹接合时，管路端部应加工外螺纹，利用螺纹与管箍、管件和活管接头配合固定，其密封则主要依靠锥管螺纹的咬合和在螺纹之间加敷的密封材料来达到，常用的材料是白漆加麻丝或聚四氟乙烯膜，缠绕在螺纹表面，然后将螺纹配合拧紧。

③ 阀门安装：阀门安装时应把阀门清理干净，关闭好进行安装，单向阀、截止阀及调节阀安装时应注意介质流向，阀的手轮便于操作。

④ 孔板安装：孔板一般安装在水平直管上，若必须安装在竖管上，液体流向应是由下向上，对于气体和蒸汽应是由上向下。孔板前后应有必要的直管段，前段须有 15～20 d 直管段，孔板后须有 5 d 的直管段（d 为管子内直径），以保证测量准确，在管段内不得开孔，尽量避免焊口。

(3) 水压试验：管路安装完毕后，应做强度与严密度试验，检查是否有漏气或漏液现象。管路的操作压力不同，输送的物料不同，试验的要求也不同。若管路系统试验压力（表压）为 294 kPa，并维持 5 min，未发现漏液现象，则水压试验即为合格。

(4) 管路压降损失计算与分析：根据管路的实际布置，按照伯努利方程和范宁公式，通过查表和莫狄摩擦系数图（图 4－18）对管路中的理论压差进行计算，并与实际压差进行比较，对结果进行分析和讨论，计算管路系统的压降损失，并与实际测量值进行比较。

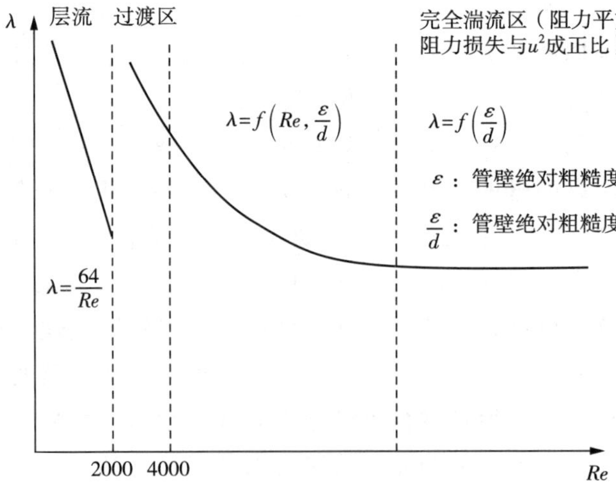

图 4－18　莫狄摩擦系数图

图 4－19 是管路拆装实训简化图，测压过程实际上就是测量不同流量下两处压力表数值之差，并与计算值相比较得出误差进行分析。

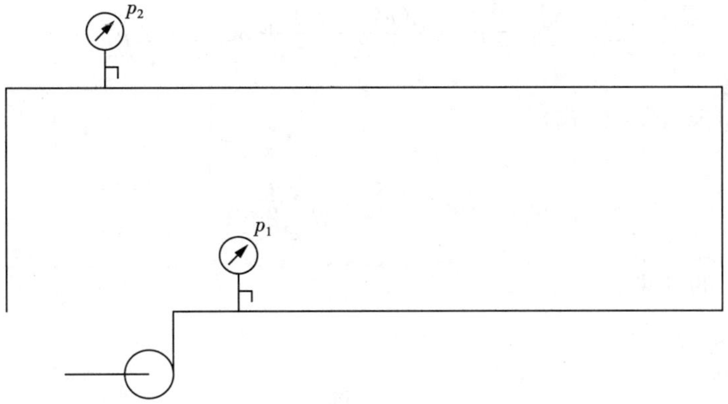

图 4－19　管路拆装实训简化图

已知：管子、管件、阀门的尺寸信息。

求：$\Delta p_{cal}=p_1-p_2$，测不同流量下的 p_1 和 p_2，得到 $\Delta p=p_1-p_2$，计算

$$\sigma=\frac{|\Delta p-\Delta p_{cal}|}{\Delta p}\times 100\%$$

数据记录需按照图 4－20 格式方便整理。

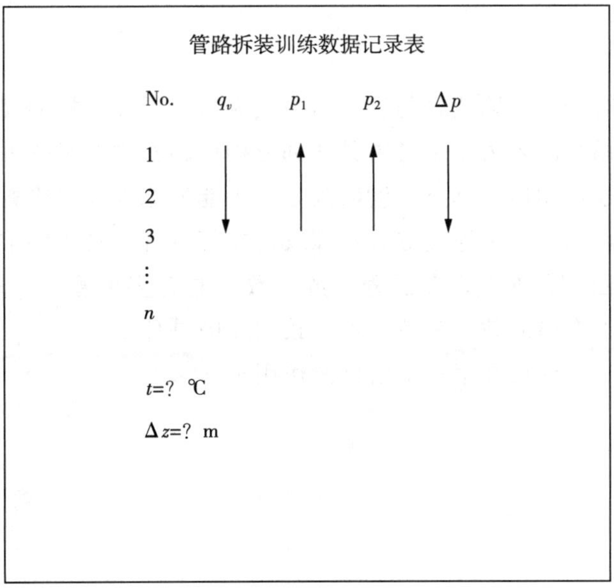

图 4－20　管路拆装训练数据记录表示意图

在计算过程中需要用到的公式包括：

机械能衡算式（单位体积流体为基准，与外界无功的交换）：

$$p_1+\frac{\rho u_1^2}{2}+\rho g z_1=p_2+\frac{\rho u_2^2}{2}+\rho g z_2+\Delta p_f$$

$$\Delta p = p_1 - p_2 = \frac{\rho(u_2^2 - u_1^2)}{2} + \rho g \Delta z + \Delta p_f$$

直管阻力损失(范宁公式)：

$$\Delta p_f = \sum \lambda \frac{l}{d} \frac{\rho u^2}{2}$$

摩擦系数 λ 的计算：

层流($Re < 2000$)：

$$\lambda = \frac{64}{Re}$$

阻力系数法：

$$\Delta p_f = \sum \zeta \frac{\rho u^2}{2}$$

当量长度法：

$$\Delta p_f = \sum \lambda \frac{l_e}{d} \frac{\rho u^2}{2}$$

四、思考题

(1) 如果改变管径，管路流量与管路阻力损失将遵循什么样的规律变化？

(2) 组装管路系统的阻力损失是由哪几部分构成的？主要影响因素是什么？

(3) 如果离心泵启动后，真空表读数为零，可能的原因和解决方法是什么？

(4) 管路连接包括哪几种连接方式？螺纹连接都有哪些具体要求？

(5) 在拆装过程中需进行识图过程，数一数一共有多少管子、多少管件和多少阀门？再对照是否与上图中的数字一致，不一致的原因是什么？

(6) 闸阀、第二个活接和第三个活接的作用是什么？

第五章　无机反应-分离系统实训

一、实训目的

（1）通过无机反应-分离系统装置的实习实训，认识常见无机化工生产的基本过程以及共同规律。

（2）掌握本系统各单元操作的基本原理、设备结构及工作原理。

（3）了解反应釜、结晶釜、板框压滤机、离心分离器、换热器等设备的特点和操作方法。

（4）认识不同种类的离心泵、螺杆泵，掌握离心泵、螺杆泵等流体输送机械的结构、原理及操作方法；认识热水和导热油加热系统的流程及特点；认识不同种类的阀门、管件及操作方法；认识化工容器及操作方法；认识化工仪表的安装与参数调节方法。

（5）认识化工生产中水、气、电等公用工程的配置及作用。

（6）分析本装置可能的故障现象及产生的原因，初步掌握预防、排除故障的实践技能。

二、实训任务

（1）根据工艺要求及现场装置，绘制反应分离系统的工艺流程图（图 5 - 1）。

（2）根据要求确定轻质碳酸钙生产过程的主要工艺条件及操作规程。

（3）以硫酸钙、碳酸钠为原料，制备轻质碳酸钙。

（4）根据计量数据，计算制备过程的原料消耗定额及能量消耗定额。

（5）制定产品的后处理及制备过程产生的“三废”处理方案。

（6）实训结束后，撰写并提交实训报告。

图 5 - 1　搪瓷釜反应-分离系统流程图

三、实训操作规程

1. 开车前的预备工作

（1）系统设备管线经检查，试压合格，无跑、冒、滴、漏现象。

(2) 各槽、贮罐内杂物须检查、清理干净。

(3) 各运转设备盘车检查、试运行正常、各仪表、电器设备调试合格。

(4) 预备适量硫酸钙和碳酸钠。

2. 开停车

(1) 配料、反应

首先，在反应釜（R0101）中投加计量的原料碳酸钠，然后打开离去子水（或自来水）阀门，依流量计显示加入所需确定体积的去离子水（或自来水）后，打开夹套热水循环系统阀门升温，并启动搅拌桨搅拌，待碳酸钠完全溶解后投加计量的原料硫酸钙，让反应开始进行。反应完成后，关闭夹套热水循环系统阀门并开启冷却水循环系统阀门降温。

(2) 反应液转入过渡釜

反应完成后，开启反应釜出料阀门、过渡釜进料阀门和反应釜物料输送泵（P0101，1＃螺杆泵）及阀门，将反应完的物料输送到过渡釜，并启动过渡釜搅拌桨搅拌。输送完毕后依次关闭反应釜的物料输送泵及阀门、反应釜出料阀、过渡釜进料阀。

(3) 反应液过滤

物料在过渡釜分两路输送：

1 路输送至板框压滤机过滤：开启过渡釜出料阀，板框压滤机（M0101）进料阀，过渡釜物料输送泵（P0103，3＃螺杆泵）及阀门，中间槽（V0103）进料阀，保持中间槽放空阀常开。物料输送至板框压滤机过滤（板框压滤机操作见设备说明书），滤饼送去烘箱（烘箱操作见设备说明书）烘干得产品，滤液自流进入中间槽（V0103）备用。过滤完成后，进行反冲洗操作（具体见板框压滤机设备说明书），冲洗水进入中间槽或下水道。完成后关闭板框压滤机及其阀门、中间槽进料阀。

2 路输送至三足式离心机：开启过渡釜出料阀，三足式离心机（M0102）进料阀，过渡釜物料输送泵（P0103，3＃螺杆泵）及阀门，中间槽（V0104）进料阀，保持中间槽放空阀常开。开启三足式离心机（操作见设备说明书）过滤，母液储罐（V0104）进料阀，保持母液储罐放空阀常开。滤饼送至烘箱烘干后得产品，母液自流进入母液储罐。过滤完成后关闭三足式离心机，母液储罐进料阀。

(4) 过滤母液蒸发

开启中间槽出料阀，蒸发釜（R0104）进料阀、母液输送泵（P0105）及其阀门，将母液输送至蒸发釜，输送完成后关闭母液输送泵及其阀门，中间槽出料阀，蒸发釜进料阀，打开蒸发釜导热油系统阀门和蒸发釜冷凝器（E0103）循环水阀门，并打开蒸发釜气体出口阀和凝液阀，关闭凝液回流阀，开启搅拌桨，使物料充分蒸发，蒸发凝液通过凝液阀自流进入下水。蒸发完成后打开蒸发釜出料阀，结晶釜（R0105）进料阀，母液输送泵（P0105）及其阀门，将物料输送至结晶釜结晶，结晶釜放空阀保持常开。输送完毕后依次关闭蒸发釜的物料输送泵及阀门，蒸发釜出料阀、结晶釜进料阀，搅拌桨，导热油系统阀门，待蒸发釜冷却后关闭蒸发釜冷凝器循环水系统阀门及蒸发釜气体出口阀和凝液阀。

（5）蒸发液结晶

开启结晶釜循环冷却水系统阀门，开启搅拌桨搅拌一定时间后关闭搅拌桨静置一段时间，待结晶完全后开启结晶釜出料阀，物料自流进入三足式离心机（M0102），物料输送完毕后关闭结晶釜出料阀，结晶釜循环冷却水系统阀门。

（6）结晶母液过滤

开启三足式离心机过滤，母液储罐（V0104）进料阀，保持母液储罐放空阀常开。滤饼送至烘箱烘干后得产品，母液自流进入母液储罐。过滤完成后关闭三足式离心机，母液储罐进料阀。母液储罐中的母液可在反应釜中回用。

3. 实训具体操作步骤

本次实训使用的原料为磷石膏和碳酸钠，其中磷石膏是湿法磷酸工艺中产生的固体废弃物，其组分主要是二水硫酸钙。磷石膏的组成比较复杂，除硫酸钙以外，还有未完全分解的磷矿、残余的磷酸、氟化物、酸不溶物、有机质等，其中氟和有机质的存在对磷石膏的资源化利用影响最大。磷石膏的随意排放堆积严重破坏了生态环境，不仅污染地下水资源，还造成土地资源的浪费。磷石膏也是化工企业生产的副产物，将其作为反应原料用于教学实验也可以对环境、经济和教学带来积极影响。

（1）打开进水阀，关闭出料阀进行冷模实验，首先加入 70 L 自来水搅拌半小时，打开出料阀和排污阀，重复 3 次水洗反应釜。

（2）关闭出料阀，加入 70 L 自来水，打开夹套热水循环系统阀门升温，并启动搅拌桨搅拌，缓慢加 7.42 kg 碳酸钠，搅拌 20 分钟，待碳酸钠完全溶解后投加 13.38 kg 磷石膏，让反应开始进行 4 小时。

（3）反应完成后，开启反应釜出料阀门、过渡釜进料阀门和反应釜物料输送泵及阀门，将反应完的物料输送到过渡釜，并启动过渡釜搅拌桨搅拌。

（4）开启过渡釜出料阀、板框压滤机进料阀、过渡釜物料输送泵及阀门、中间槽进料阀，保持中间槽放空阀常开，过滤完成后，进行反冲洗操作；同时开启三足式离心机过滤，母液储罐进料阀，保持母液储罐放空阀常开，过滤完成后关闭三足式离心机，母液储罐进料阀。

（5）开启中间槽出料阀、蒸发釜进料阀、母液输送泵及其阀门，将母液输送至蒸发釜，输送完成后关闭母液输送泵及其阀门、中间槽出料阀、蒸发釜进料阀，打开蒸发釜导热油系统阀门和蒸发釜冷凝器循环水阀门，并打开蒸发釜气体出口阀和凝液阀，关闭凝液回流阀，开启搅拌桨，使物料充分蒸发，蒸发凝液通过凝液阀自流进入下水。

（6）开启结晶釜循环冷却水系统阀门，开启搅拌桨搅拌一定时间后关闭搅拌桨静置一段时间，待结晶完全后开启结晶釜出料阀，物料自流进入三足式离心机。

（7）开启三足式离心机过滤，母液储罐进料阀，保持母液储罐放空阀常开。滤饼送至烘箱烘干后得产品，母液自流进入母液储罐。

（8）过滤后称取滤饼总质量，表面皿取样 30 g 左右称湿重，烘干后称取滤饼干重，从而计算总滤饼中的粗碳酸钙含量。

（9）取烘干后的样品 2～5 g，按照国家标准《碳酸钙分析方法》（GB/T 19281—2014）测定碳酸钙含量，先称取一定质量的产品，用盐酸溶解并过滤杂质，再将滤液加入锥形瓶中，加入三乙醇胺掩蔽剂、羧酸钙指示剂和氢氧化钠调节溶液 pH 至 10～12，最终利用配制乙二胺四乙酸二钠（EDTA－2Na）标准滴定溶液进行滴定，当溶液滴定至纯蓝色为终点，同时利用 X 射线衍射仪测定并进行分析。

需要注意的是原料的计算问题，反应体系按照 70 L 体积、混合液比重为 1.2、钙离子当量浓度为 1 mol/L 来计算，在物料质量称取时，磷石膏以 $CaSO_4 \cdot 2H_2O$ 含量 90％计算，工业碳酸钠以 100％计算，得到具体的反应物质量。

4. 实训后的注意事项

实训结束后，要按要求关闭相关的水、电、气阀门，清扫卫生，移交有关工具及安全防护用品。经指导教师确认之后方可离开现场。

第六章　有机反应-分离系统

一、系统简介

1. 系统组成

有机反应-分离系统包括真空系统、物料贮存系统、反应系统、分离系统。其中核心设备为不锈钢反应釜。

(1) 真空系统。该系统采用水循环真空装置，为有机反应-分离系统提高负压及部分物料的输送。

(2) 物料贮存系统。该系统包括原料贮罐、溶剂回收罐。

(3) 反应系统。该系统包括不锈钢反应釜、高位计量罐、冷却器等。

(4) 分离系统。该系统包括液-液分离器、固-液分离器。

2. 不锈钢反应釜

(1) 主要结构。反应釜由锅体、锅盖、搅拌器、夹套（或带有盘管）、支承及传动装置、轴封装置等组成；夹套形式分为夹套型和外半管型，夹套内都设有导流装置；搅拌形式一般有桨式、锚式、框式、螺条式、刮壁式等。高转速类有分散叶轮式、涡轮式、高剪切式、推进器式等。传动形式有普通电机、防爆电机、电磁调速电机、变频器等。减速器有摆线针轮式、蜗轮式、行星无级变速式等。轴封为普通水冷却填料密封、组合式四氟填料密封、机械密封等。出料采用球阀。

(2) 主要特点。夹套加热形式有电加热、油加热、气加热、水加热（或冷却）、明火加热等。具有加热速度快、耐高温、耐压、传热面积大等特点。

(3) 主要用途。适用于石油、化工、医药、冶金、科研等部门进行高温、高压的化学反应，对黏稠和颗粒的物质均能达到高搅拌的效果。

3. 不锈钢反应釜的常规操作规程

(1) 不锈钢反应釜开车前操作

① 检查釜内、搅拌器、转动部分、附属设备、指示仪表、安全阀、管路及阀门是

否符合安全要求。

② 检查水、电、气是否符合安全要求。

(2) 不锈钢反应釜开车操作

① 加料前应先开启反应釜的搅拌器，无杂音且正常时，将物料加到反应釜内，加料数量不得超过工艺要求。

② 打开蒸汽阀前，先开出气阀，后开进气阀。打开蒸汽阀门时应缓慢，让蒸汽慢慢预热夹套及釜体后再逐步升压，夹套内压力不准超过规定值。

③ 蒸气阀门和冷却阀门不能同时启动，蒸气管路过气时不准锤击和碰撞。

④ 开冷却水阀门时，先开出水阀，后开进水阀。冷却水压力不得低于 0.1 MPa，也不准高于 0.2 MPa。

⑤ 水环式真空泵，开泵时要先开泵后给水；停泵时，先停泵后停水，并应排除泵内积水。

⑥ 随时观察反应釜运转情况，发现异常应停车检修。

(3) 不锈钢反应釜停车操作

① 停止搅拌，切断电源，关闭各种阀门。

② 进行釜内维修时必须切断搅拌机电源，悬挂警示牌，并设人监护。

③ 不锈钢反应釜必须按压力容器要求进行定期技术检验，检验不合格，不得开车运行。

二、有机反应-分离系统操作实训

1. 实训目的

(1) 通过有机反应-分离系统装置的实习实训，认识常见有机化工生产的基本过程以及共同规律。

(2) 掌握本系统各单元操作的基本原理、设备结构及工作原理。

(3) 了解反应釜、洗涤釜、过滤器、分液器、精馏塔、冷凝器、贮槽等设备的特点和操作方法。

(4) 认识离心泵、真空泵、空压机等流体输送机械的结构、原理及操作方法；认识热水和导热油加热系统的流程及特点；认识不同种类的阀门、管件及操作方法；认识化工容器及操作方法；认识化工仪表的安装与参数调节方法。

(5) 认识化工生产中水、气、电等公用工程的配置及作用。

(6) 分析本装置可能的故障现象及产生的原因，初步掌握预防、排除故障的实践技能。

2. 实训任务

(1) 根据工艺要求及现场装置，绘制反应分离系统的工艺流程图。

(2) 根据要求确定乙酸乙酯生产过程的主要工艺条件及操作规程。

(3) 以乙酸和乙醇为原料、硫酸为催化剂，制备乙酸乙酯。

(4) 根据计量数据，计算制备过程的原料消耗定额及能量消耗定额。

(5) 制定产品的后处理及制备过程产生的“三废”处理方案。

(6) 实训结束后，撰写并提交实训报告。

3. 实训内容——硫酸法生产乙酸乙酯

(1) 实训体系简介

① 乙酸乙酯物化性质

乙酸乙酯为透明有芳香气味的液体，燃点－83.6 ℃，沸点 77.06 ℃，相对密度（水＝1 g/cm^3）：0.894～0.898 g/cm^3，闪点－3 ℃，引燃温度 426 ℃，在空气中爆炸极限 2.2％～9％。溶于氯仿、乙醇，微溶于水，与水形成沸点为 70.4 ℃的共沸物，与乙醇形成沸点为 71.8 ℃的共沸物，蒸汽压 73×133.3 Pa（20 ℃条件下）。

② 安全措施

乙酸乙酯对眼、皮肤、黏膜有刺激性。在毒性方面，小鼠口服 LD_{50} 为 5.6 g/kg。工作场所乙酸乙酯最高允许浓度为 0.04％。设备应密封，车间内应保持良好的通风状态。工作人员应戴防护用品。贮存时应用铁桶包装，并贮存于干燥阴凉处，按易燃易爆危险品规定贮存。乙酸乙酯为一级易燃品，并与空气易形成爆炸混合物，爆炸极限 2.2％～11.5％。

③ 主要用途

乙酸乙酯是重要的香料添加剂，可用作调香的组分，还可以作为特殊的改性酒精的香味萃取剂。乙酸乙酯也是一种极好的工业溶剂，可用作硝酸纤维、乙基纤维、氯化橡胶和乙烯基树脂、乙酸纤维素酯、纤维素乙酸丁酯和合成橡胶，还可用于复印件用液体、硝基纤维墨水。黏结剂的溶剂、喷漆的稀释剂也是制造染及药物的原料。

④ 质量指标

乙酸乙酯的质量技术指标见表 6－1 所列。

表 6－1　乙酸乙酯质量技术指标

指标名称	一级品	二级品	三级品
外观	透明液体	—	—
沸程（101.32 kPa）	74～78 ℃	—	—
馏出量	≥98％	≥96％	≥92％
含量	≥98％	≥96％	≥92％
干点	≤80℃	—	—

（续表）

指标名称	一级品	二级品	三级品
水分	≤0.3%	≤0.5%	≤0.7%
醛含量（以乙醛计）	≤0.2%	≤0.4%	—
不挥发物含量	≤0.005%	≤0.01%	≤0.01%

（2）实训体系流程简介

① 生产原理

工业上用硫酸为催化剂，使乙酸与乙醇发生酯化反应。酯化反应机理如图 6－1 所示。

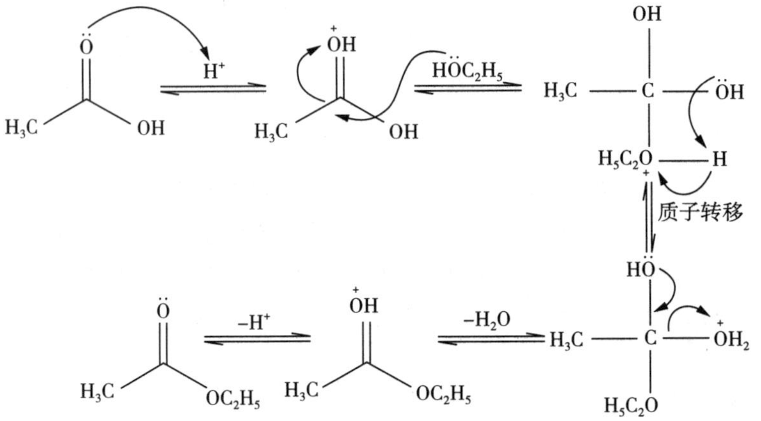

图 6－1　酯化反应机理示意图

② 乙酸乙酯生产工艺示意图

乙酸乙酯生产工艺包括在硫酸催化下，乙酸与乙醇脱水反应生产乙酸乙酯，反应结束后，用碱液调节反应体系的 pH 值，物料静置分层，通过液-液分离得到乙酸乙酯。

乙酸乙酯生产工艺流程如图 6－2 所示。

③ 不锈钢反应-分离系统的流程图

不锈钢反应-分离系统的流程图如图 6－3 所示。

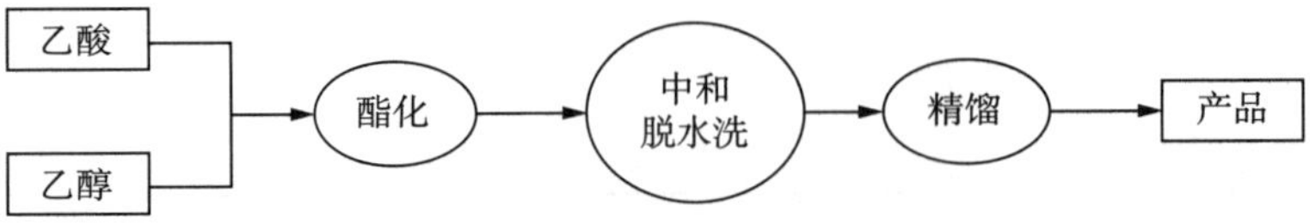

图 6－2　乙酸乙酯生产的工艺流程

图 6－3　不锈钢反应-分离系统流程图

4. 实训操作规程

(1) 原料配比

乙酸 (98%): 16 kg; 乙醇 (95%): 15.5 kg; 硫酸 (95%): 0.6 kg。

(2) 生产工艺

将 16 kg 乙酸、20 L 乙醇、0.6 kg 浓硫酸加入反应釜中，搅拌，加热回流反应 6 小时。反应结束后，用 15%氢氧化钠溶液调节釜内物料的 pH=8，静置 0.5 小时后将水层分出，收集油相即为乙酸乙酯，此步骤可以对产品进行多次洗涤、蒸馏实现产品的提纯。

(3) 生产准备工作

在进行生产之前，应检查各个设备并使之处在以下状态。

① 反应釜

关闭加料阀门、导热油加热系统的进口阀门和出口阀门。打开冷凝器阀门。

② 冷凝器

打开放空阀门、冷凝器的进水阀门和出水阀门。

③ 计量槽

关闭放空阀门、加料阀门、液位计阀门、进料阀门、真空阀门。

④ 贮料罐

关闭出料阀门、底部阀门、真空阀门、吸料阀门。

⑤ 导热油

关闭导热油输送泵电源、导热油贮罐的进油阀门和出油阀门。

⑥ 电路仪表检查

检查系统的电路和仪表是否出于正常状态。

(4) 投料前准备工作

① 导热油加热系统操作

A. 打开导热油贮罐的进油阀门和出油阀门。

B. 开启导热油输送泵电源。

C. 接通导热油加热系统电源加热，直到油温为 70～80 ℃时备用。

② 真空系统操作

开启运行真空系统的真空泵，使真空系统的真空稳定，真空表指针不变化。

③ 备料操作

A. 用吸料管将贮料罐上的不锈钢进料管与物料桶连接好。

B. 依次打开真空系统的真空阀门和贮料罐上的真空阀门，使真空系统的真空表指针稳定后，关闭贮料罐上的真空阀门。

C. 慢慢打开贮料罐上的进料阀门（注意不要全部打开）开始吸料，控制并注意观察贮料罐侧位的玻璃液位管里物料的上升速度，当玻璃液位管里物料的上升高度为整个玻璃管高度的2/3时，关闭贮料罐上的进料阀门。

D. 如果贮料罐一次进料未达到要求且真空度不能保证再吸料时，则慢慢打贮料罐上的真空阀门补充贮料罐里的真空，再按前一个操作直到进料符合要求为止。

④ 物料计量操作

A. 打开贮料罐上的出料阀门。

B. 打开反应釜所相对应计量罐的真空阀门，1分钟关闭该真空阀门。

C. 慢慢打开计量罐上的进料阀门（注意不要全部打开）开始进料，控制并注意观察计量罐侧位液位计的翻板上升速度，使翻板慢慢翻转，当翻板慢慢翻转到整个高度的2/3时，关闭计量罐上的进料阀门。

D. 如果计量罐一次进料未达到要求且真空度不能保证再进料时，则慢慢打开计量罐上的真空阀门补充计量罐里的真空，再按前一个操作直到进料符合要求为止。

（5）反应操作

① 打开反应釜上的加料口。

② 开启反应釜的电机进行搅拌。

③ 用塑料桶称取16 kg的无水醋酸加入反应釜中。

④ 打开计量罐上的防空阀门，将20 L无水乙醇慢慢加入反应釜中。

⑤ 用量桶量取0.6 L的浓硫酸慢慢加入反应釜中。

⑥ 升温至液体回流状态进行反应，反应时间为6 h。

（6）产品处理

① 反应结束后，停止加入，通冷却水降温至50 ℃。

② 用15%氢氧化钠溶液调节反应釜里物料的pH值，使物料的pH=8。

③ 停止搅拌，关闭液-液分离罐的放料阀门，打开反应釜的底部阀门，将反应物料放入液-液分离罐内静置0.5 h。

④ 打开并控制液-液分离罐的放料阀门，收集水相，同时观察液-液分离罐底部的视镜，当看到油-水界面时调小放料阀门慢慢放料，直到将水相全部放出。

⑤ 收集油相，称重，计算收率。

⑥ 产品进行色谱分析。

（7）实训结束后的注意事项

实训结束后，要按要求关闭相关的水、电、气阀门，清扫卫生，移交有关工具及安全防护用品，经指导教师确认之后方可离开现场。

5. 思考题

（1）酯化反应有何特点？生产过程中可以采取哪些方法提高酯化反应产物的收率？

（2）若生产过程中采用乙酸过量的做法是否合适？为什么？

（3）乙酸乙酯中可能含有哪些杂质？应如何除去？

三、附录

1. 相关分析测试方法

（1）气相色谱进行含量测定

具体操作见标准《工业乙酸乙酯》（GB 3728—91）。

（2）其他分析方法

① 定性检验

外观为无色透明液体，具有果子香气。

取粗品 1 mL，加 25 mL 1 mol/L NaOH 溶液，在水浴锅上加热 5 分钟后冷却，然后用 10％稀盐酸中和，加 5 滴 $FeCl_3$溶液，呈深蓝色。

② 含量测定

准确称取 1.5 g 样品加入三角烧瓶中，加 0.5 mol/L 氢氧化钠 20 mL，装上回流冷凝管，水浴加热回流 1 h，冷却，加酚酞指示剂。用 0.5 mol/L 盐酸滴加，定过量的氢氧化钠，同时进行空白实验。每毫升 0.5 mol/L 氢氧化钠溶液相当于 44.06 mg 乙酸乙酯。

2. 实验数据记录表格

物料投入量	开始反应时间	反应终止时间	产品质量	收率	生产过程中的现象

第七章　气体吸收-解吸净化系统

一、系统简介

气体吸收-解吸净化系统是由吸收塔、解吸塔及与其配套的辅助工艺设备、自动控制系统、相关管道、计量装置等构成。其中，本次实训主要针对 CO_2 吸收和解吸过程进行相关流程的操作和训练。

1. 吸收和解吸过程概述

利用不同气体组分在液体溶剂中的溶解度差异，对其进行选择性溶解，从而将气体混合物分离的传质过程称为吸收。其在工业上的应用大致包括原料气的净化、有用组分的回收、某些产品的制取和废气的治理几种。

除了制取溶液产品等少数情况只需单独进行吸收外，一般都需对吸收后的溶液进行解吸，使溶剂再生循环使用，同时也回收有价值的溶质。

2. 温室效应与 CO_2 回收技术

自 1860 年有气相仪器观测记录以来，全球气温快速上升，进入一个不断变暖的时期，年平均温度升高了（0.6±0.2）℃。造成以上现象的重要原因之一就是二氧化碳、甲烷、一氧化氮、臭氧和三种氯氟烃等引起的温室效应。在所有温室性气体中，CO_2 排放量最大，是最重要的温室气体，对温室效应负有主要责任，约占 60%。所以控制 CO_2 排放和捕集、回收 CO_2 具有重要的社会意义和环境意义。

分离回收 CO_2 的方法主要有物理吸收法、膜分离法、物理吸附法、低温精馏法、O_2/CO_2 燃烧法、化学吸收法等方法。

（1）物理吸收法

物理吸收法是利用 CO_2 在溶剂中的溶解度随压力、温度变化而改变的原理来分离 CO_2。物理吸收法中溶剂对 CO_2 的选择性较差，运行成本高，且仅适合于 CO_2 分压较高且脱除率要求不高的场合。

（2）膜分离法

膜分离法是根据气体中各个组分以不同的渗透速率，在压力的作用下，与薄膜材料发生物理反应或化学反应，CO_2快速溶解并穿过薄膜，选择性地将CO_2与其他气体分离。膜分离法具有装置简单、操作程序简单、投资少、能耗低等优点，但薄膜耐久性差，分离效率低，难以得到高纯度的CO_2。

（3）物理吸附法

物理吸附法是利用吸附剂对气体中CO_2进行选择性的吸附及脱吸。将含有CO_2的气体通入吸附塔，气体与吸附剂接触，从而达到分离回收CO_2的目的。物理吸附法具有工艺过程简单、能耗低、易实现自动化、操作稳定、产品纯度高、提纯成本低、维修成本低等优点。但在进行物理吸附之前，需要对气体中的SO_x及水蒸气做前处理。此外，物理吸附法吸附容量有限，吸附-解吸频繁，CO_2的回收率低，一般只有50%～60%。

（4）低温精馏法

将混合气体经过多次压缩和冷却后，引起相变从而分离出烟气中的CO_2，它是通过低温冷凝分离CO_2的物理过程。一般是先将混合气体中的CO_2液化或固化成干冰，然后以精馏的方法将液态或固态CO_2中的不纯组分分离出来，而实现CO_2的分离纯化。低温精馏法原理简单，能够回收90%以上的CO_2，CO_2的纯度能够达到97%，适用于原料气中CO_2浓度较高的情况。但所需设备庞大，投资较大，能耗较高，分离效果差，分离成本较高。

（5）O_2/CO_2燃烧法

将锅炉中的一部分排气与从空气中分离出来的O_2按照一定的比例混合，通入炉膛内燃烧。采用这种燃烧方式需要防止空气泄漏进入锅炉，并且锅炉的火焰温度更高，这需要重新设计锅炉。

（6）化学吸收法

采用气体混合物与适当的吸收液相接触，使气体混合物中的某些组分进入吸收液，溶解在吸收液中并发生化学反应，有选择性地吸收气体中的某种成分（如CO_2、SO_2等），从而达到从气体混合物中脱除某种气体的目的。化学吸收法具有吸收率高、分离选择性好等优点。但解吸过程中需要加热，消耗大量的能量，并且某些吸收液会出现起泡现象。

吸收液一般由一种或者几种吸收剂及其他缓蚀剂等成分组成。吸收液吸收CO_2后成为富CO_2溶液（简称富液），此过程称为吸收过程。富液在一定的条件下经过再生，解吸出CO_2，富液成为贫CO_2溶液（简称贫液），此过程称为解吸过程。贫液是富液经解吸后的吸收液，但解吸作用并不能将CO_2完全解吸释放出来，因此贫液中仍含有一定浓度的CO_2，这部分CO_2称为残碳。

本系统即是采用化学吸收法，吸收剂为乙醇胺，进行CO_2的吸收和解吸。

3. 化学法吸收 CO_2 流程简述

根据吸收液的分级情况，吸收工艺大致可以分为四种，分别为单段吸收单段解吸过程、两段吸收单段解吸过程、单段吸收两段解吸过程以及两段吸收两段解吸过程。以乙醇胺吸收 CO_2、解吸塔为间接蒸汽加热体系为例，简单介绍几种流程如下。

图 7-1 为 CO_2 捕集单段吸收单段解吸过程。

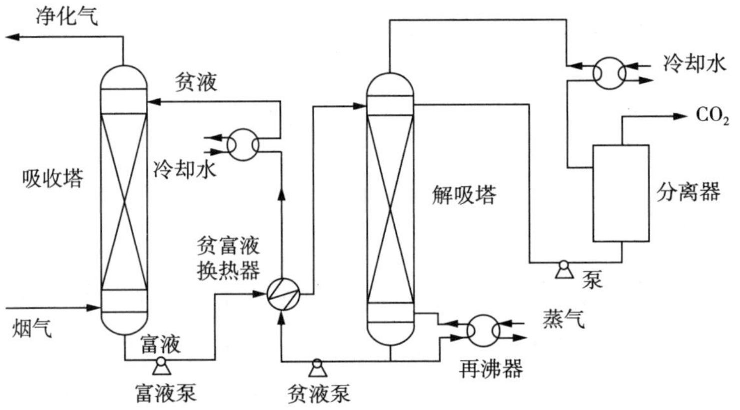

图 7-1　CO_2 捕集单段吸收单段解吸过程示意图

在单段吸收单段解吸过程中，贫液和富液都没有分级，贫液从解吸塔底流出后经过贫富液换热器回收能量后直接打入吸收塔顶，富液从吸收塔底流出后经过贫富液换热器被加热后直接打入解吸塔顶，应用此法可将 CO_2 脱除至 1%。

图 7-2 为 CO_2 捕集两段吸收单段解吸过程。

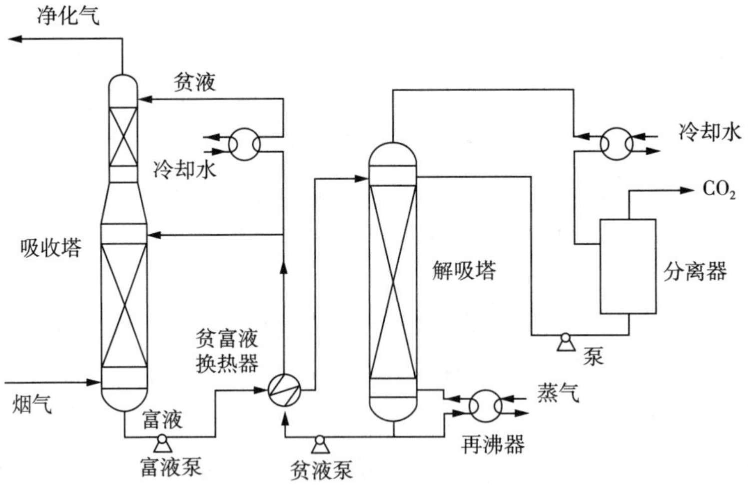

图 7-2　CO_2 捕集两段吸收单段解吸过程示意图

在两段吸收单段解吸过程中，贫液从解吸塔底流出经过贫富液换热器回收能量后，大部分（占总量的60%～70%）不经冷却打入吸收塔，少部分经过换热器冷却后打入吸收塔顶；富液从吸收塔底流出后经过贫富液换热器被加热后直接打入解吸塔顶。应用此法可将CO_2脱除至0.1%。

图7-3为CO_2捕集单段吸收两段解吸过程。

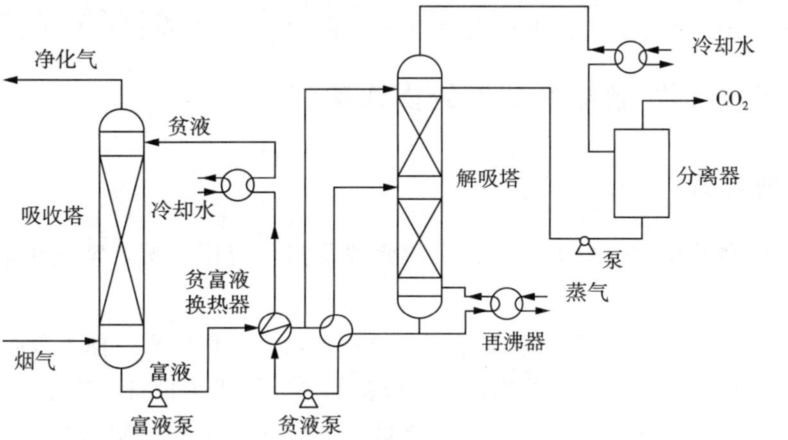

图7-3　CO_2捕集单段吸收两段解吸过程示意图

在单段吸收两段解吸过程中，贫液从解吸塔底流出后先经过一个换热器，回收高品位的热能，然后经过贫富液换热器回收能量后，再经冷却器冷却后打入吸收塔。富液从吸收塔底流出后经过贫富液换热器被加热后，一部分进入被打入解吸塔顶，另一部分再次经过一换热器加热后进入解吸塔中部。应用此法可以回收解吸塔塔底出口贫液中高品位的热量，并降低冷凝器冷却水的消耗量。

图7-4为CO_2捕集两段吸收两段解吸过程。

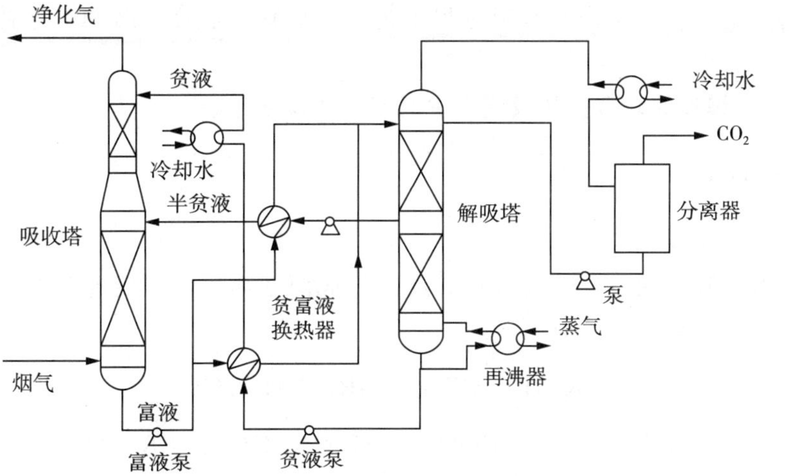

图7-4　CO_2捕集两段吸收两段解吸过程示意图

在两段吸收两段解吸过程中，再生溶液分两股离开解吸塔，大部分（总量的60%～85%）以部分再生状态（半贫液），从解吸塔中部经泵引出，进入换热器回收其中的热量后，送入吸收塔中部；少部分经进一步再生后，由塔底抽出，经过贫富液换热器回收热量，通过冷却器冷却到吸收塔温度后，送入吸收塔顶。从吸收塔底引出的富液，一部分经贫富液换热器换热升温后送入解吸塔顶，另一部分经过换热器加热后进入解吸塔中部，应用此法可以回收解吸塔塔底出口贫液中高品位的热量，并降低了冷凝器冷却水的消耗量。应用此法可将净化气中CO_2的浓度降低至0.05%。

二、气体吸收-解吸净化系统操作实训

1. 实训目的

（1）了解常见废气中CO_2脱除技术的原理及实际应用情况，掌握化学可逆吸收法的基本原理。

（2）掌握吸收-解吸过程的基本原理、设备结构及工作原理，熟悉吸收-解吸操作。

（3）掌握化工生产中常见的流体输送设备如泵、风机等设备的特点和操作方法。

（4）了解单元操作中温度、压力、流量、液位的测量和控制的方法、原理及相应控制元件的工作原理。

（5）掌握工业生产中吸收剂的再生方法及原理。

2. 实训任务

（1）根据工艺要求及现场装置，绘制吸收-解吸系统的工艺流程图。

（2）模拟烟气中CO_2的脱除及吸收塔动态吸收操作。

（3）考察吸收操作条件如进气浓度及气体流率、液相喷淋密度对CO_2脱除效果的影响。

（4）解吸塔的动态操作及解吸过程工艺参数如解吸温度、时间、进料量等对吸收剂解吸效果的影响。

（5）吸收-解吸的联合操作及废气中的CO_2脱除效果。

3. 实训内容

（1）实训体系简介

使用醇胺作吸收剂时，醇胺与CO_2反应形成两性离子，然后此两性离子和另一醇胺反应生成氨基甲酸根，反应如下：

$$RR'NH + CO_2 \Longleftrightarrow RR'NH^+COO^- \tag{7-1}$$

$$RR'NH + RR'NH^+COO^- \longrightarrow RR'NCOO^- + RR'NH_2^+ \tag{7-2}$$

反应式中R、R′为氢或链烷醇基。

总反应如下：

$$2RR'NH+CO_2 \Longleftrightarrow RR'NCOO^-+RR'NH_2^+ \tag{7-3}$$

该反应为放热反应，在加热作用下，反应将会逆向进行，可对醇胺溶液进行再生。由总反应式可看出，一级和二级醇胺吸收 CO_2 时将会受到热力学的限制，即 1 mol 醇胺最大的吸收能力为 0.5 mol 的 CO_2。但由于有些氨基甲酸根可能会水解生成自由醇胺，故其吸收能力有时可能会小幅超过上述限制。

$$RR'NCOO^- + H_2O \longrightarrow RR'NH+HCO_3^- \tag{7-4}$$

（2）实训体系流程简介

采用填料塔化学吸收脱除烟气中 CO_2 的试验流程如图 7-1 所示。空气经预热到一定的温度后与来自 CO_2 钢瓶的气体混合，配制成模拟烟气从填料塔下部进入，吸收液泵入填料塔上部，通过喷嘴均匀地喷洒到填料层表面。为了防止吸收液在填料塔内向塔壁流动，在填料塔中间设置了液体再分布器。填料层内气液两相呈逆流接触，净化后的气体经填料塔出口处的丝网除沫器除掉夹带的吸收液后排空。吸收 CO_2 后的吸收液（富液）经泵送入贫富液换热器后进入填料解吸塔的中部，与从塔底上升的蒸汽进行逆流传质解吸，解吸精馏塔顶的气相在塔顶冷却器中冷却后，进入汽液分离器中，液相回流入塔，不凝性气体进入气体回收罐进一步除去酸性气体后排入大气。脱除了 CO_2 的吸收液（贫液）从解吸塔底由泵送入贫富液换热器后进入填料吸收塔的顶部。

4. 实训操作规程

（1）准备工作

① 配料。在贫液槽、富液槽、解吸塔加料口加入自来水，至液位计读数为400 mm 左右，然后在贫液槽和富液槽中加入 30 kg 乙醇胺。打开富液槽至富液泵阀门、富液泵至吸收塔阀门，关闭富液泵至中间换热器阀门，开启富液泵，调节流量为 160 L/h 左右。打开贫液槽至贫液泵阀门、贫液泵回流至解吸塔阀门，关闭贫液泵至中间换热器阀门、贫液槽回流至贫液槽阀门，开启贫液泵，调节流量为 160 L/h 左右，以此进行物料的混合。

② 预热。打开 DCS 室控制电脑，点击桌面“XDCNET”和“VXCU”→“图形显示”→“气体净化系统”，进入 DCS 控制系统界面，分别对富液槽、贫液槽、解吸塔设定温度为 50～55 ℃、105～110 ℃和 105～110 ℃，进行加热。

③ 开启风机，调节流量为 50 m^3/h 左右，通过 DCS 系统，设定空气预热器温度为 55 ℃，进行加热。

富液槽、贫液槽、解吸塔和空气温度以及空气流量达到设定值并基本稳定后，继续进行下面的操作。填料塔化学吸收脱除烟气中 CO_2 的流程如图 7-5 所示。

图 7-5 填料塔化学吸收脱除烟气中 CO_2 流程示意图

（2）吸收塔的操作

本阶段操作是在通入空气-CO_2模拟烟气的情况下，富液槽中乙醇胺溶液循环进出吸收塔，进行吸收过程。空气流量稳定，调节CO_2流量，由此变化不同的CO_2浓度。每一种CO_2浓度下，测定进出塔液体pH随时间的变化情况，进出塔CO_2浓度随时间的变化情况，以考察吸收工艺参数对吸收效率的影响。

① 阀门操作

配料、预热完成后，检查液面及各管路阀门开关情况，保证气体和液体通道流畅。调节贫液泵液体流量为120 L/h。打开气体钢瓶，通入CO_2，调节流量为0.5 m^3/h左右。

② 检测与记录

CO_2流量稳定后，每隔20分钟从出吸收塔和出富液槽取样口取液体样，用pH计测量并记录pH。同时，每隔20分钟用烟气分析仪测量并记录CO_2进吸收塔和出吸收塔浓度。全部测定时间为1.5小时左右。由进出塔的气体中CO_2的浓度，计算吸收效率。

以上每次取样检测过程中，同时记录富液槽和吸收塔液位、温度、压力等各仪表参数，写入实验数据记录表中。

③ 变化CO_2流量

调节CO_2流量为0.8 m^3/h左右，进行操作、测量和记录。

随后，调节CO_2流量为1.0 m^3/h左右，进行操作、测量和记录。

（3）解吸塔的操作

本阶段操作是在没有外加料液的情况下，进行全回流解吸过程，测量进出塔液体pH随时间变化，以此了解解吸过程和效率。

① 阀门操作

配料、预热完成后，检查液面及各管路阀门开关情况，保证气体和液体通道流畅。调节富液泵液体流量为120 L/h。打开气液分离器至回流泵、回流泵至解吸塔阀门，开启回流泵，根据气液分离器液位高度调整回流泵液体流量。

② 检测与记录

每隔20分钟从出解吸塔、去吸收塔、气液分离器取样口取液体样，用pH计测量并记录pH。全部测定时间为4.5小时左右。

以上每次取样检测过程中，同时记录贫液槽和解吸塔液位、温度、压力等各仪表参数，写入实验数据记录表中。

（4）吸收-解吸联合操作

本阶段操作是在通入空气-CO_2模拟烟气的情况下，经过吸收的富液进入解吸塔，经过解吸的贫液进入吸收塔，联合进行吸收和解吸操作。在吸收塔和解吸塔操作参数稳定、传热和传质达到平衡情况下，可以进行接近稳态的吸收和解吸过程。

空气流量稳定，调节CO_2流量，由此变化不同的CO_2浓度。每一种CO_2浓度下，测定进出吸收塔和解吸塔液体pH随时间的变化，进出吸收塔CO_2浓度随时间的变化，以考察吸收工艺参数对吸收塔气相体积总传质系数以及解吸效率的影响。

① 阀门操作

关闭富液泵和贫液泵、CO_2钢瓶阀门。关闭富液泵回流至吸收塔、贫液泵回流至解吸塔阀门，依次打开富液泵至中间换热器、贫液泵至中间换热器以及中间换热器进出阀门，开启贫液泵和富液泵，观察吸收塔、富液槽的液位以及贫液槽、解吸塔液位。

打开气体钢瓶，通入CO_2，调节流量为 0.5 m^3/h 左右。CO_2流量稳定后继续下一步操作。

② 检测和记录

③ 吸收过程检测和记录

每隔 20 分钟从出吸收塔和出富液槽取样口取液体样，用 pH 计测量并记录 pH。同时，每隔 20 分钟用烟气分析仪测量并记录CO_2进吸收塔浓度和出吸收塔浓度。全部测定时间为 1 小时左右。

以上每次取样检测过程中，同时记录富液槽和吸收塔液位、温度、压力等各仪表参数，写入实验数据记录表（表 7－1）中。

由进出塔的气体中CO_2的浓度，根据化学吸收时填料塔中体积总传质系数的计算公式计算吸收塔化学吸收时的气相体积总传质系数。

化学吸收时填料塔中体积总传质系数的计算公式：

对填料塔内 dz 高填料做物料衡算

$$G\left.\frac{y}{1-y}\right|_{z+dz}-G\left.\frac{y}{1-y}\right|_{z}=K_{G}ap\ (y-y^{*})\ dz \tag{7-5}$$

即

$$\frac{d}{dz}\left(\frac{y}{1-y}\right)=\frac{K_{G}ap\ (y-y^{*})}{G} \tag{7-6}$$

当气相中CO_2的分压较低时（实验中 y 均小于 1%），有 $1-y\approx1$，即$\frac{d}{dz}\left(\frac{y}{1-y}\right)\approx\frac{dy}{dz}$。在乙醇胺水溶液中，$CO_2$的平衡分压趋近于零，即 $y^{*}\approx0$，且 $y\geqslant y^{*}$，故 $y-y^{*}\approx y$。上式即为

$$K_{G}a=\left(\frac{G_{1}}{p}\right)\frac{dy}{y\,dz} \tag{7-7}$$

积分得

$$K_{G}a=\frac{G}{P_{z}}\ln\frac{y_{in}}{y_{out}} \tag{7-8}$$

式中：G——塔内空气的摩尔流率，$kmol\cdot m^{-2}\cdot h^{-1}$；

$K_{G}a$——气相体积总传质系数，$kmol\cdot m^{-3}\cdot h^{-1}\cdot kPa^{-1}$；

z——填料层高度，m；

y_{in}——进塔气体中CO_2的摩尔分数；

y_{out}——出塔气体中CO_2的摩尔分数。

表 7－1 实验数据记录表

吸收实验　实验日期：20　年　月　日　记录：

序号	时间	气相						液相			塔釜液位	富液罐		塔温度,℃			压力		备注
		空气流量/$m^3 \cdot h^{-1}$	表压/kPa	CO_2流量/$m^3 \cdot h^{-1}$	CO_2浓度（进）	CO_2浓度（出）	温度/℃	流量/$L \cdot h^{-1}$	出富液罐pH	出塔pH		温度/℃	液位	底	中	顶	塔压降/kPa	塔底/kPa	

解吸精馏实验　实验日期：20　年　月　日　记录：

序号	时间	塔顶		液相			塔釜			贫液罐		塔温度,℃			回流泵/$L \cdot h^{-1}$	气液分凝器					备注
		压力/kPa	温度/℃	贫液泵流量/$L \cdot h^{-1}$	出塔液体pH	去吸收液体pH	温度/℃	压力/kPa	液位/mm	温度/℃	液位/mm	底	中	高		温度/℃	压力/kPa	液位/mm	液体/pH	出气压力/kPa	

④ 解吸过程检测和记录

每隔 20 分钟从出解吸塔、去吸收塔、气液分离器取样口取液体样，用 pH 计测量并记录 pH。全部测定时间为 1 小时左右。

以上每次取样检测过程中，同时记录贫液槽和解吸塔液位、温度、压力等各仪表参数，填写入实验数据记录表中。

⑤ 变化 CO_2 流量

调节 CO_2 流量为 0.8 m^3/h 左右，进行操作、测量和记录。

随后，调节 CO_2 流量为 1.0 m^3/h 左右，进行操作、测量和记录。

(5) 实训结束

相关实验数据获取后，按要求关闭系统的水、电、气等阀门，对系统的管路、塔进行清洗，打扫实训场所卫生，移交操作工具及安全防护用品，实训结束。

5. 思考题

(1) 在本操作系统中，影响吸收塔传质系数的因素有哪些?

(2) 吸收-解吸联合操作中，其他操作条件不变时，增加 CO_2 流量对吸收塔的传质系数和解吸塔的解吸效率是否有影响？改变液体流量对吸收塔的传质系数和解吸塔的解吸效率的影响规律是什么?

(3) 简述吸收塔液封装置设计的原理以及液封位置高度随塔内气体压力变化可能发生的变化。

第八章　多相催化反应评价系统

一、系统简介

多相催化反应评价系统由固定床反应器和流化床反应器及与其配套的辅助工艺设备、相关管道、计量装置构成。其中，本次实训主要针对固定床反应系统，以环境催化领域的热点技术“低温 SCR 法烟气脱硝反应”为实验考查体系，进行气固相固定床催化反应操作。

1. 固定床反应评价系统

（1）固定床反应器在化工生产中的作用

固定床反应器又称填充床反应器，装填有固体催化剂或固体反应物用以实现多相反应过程的一种反应器。固体物通常呈颗粒状，粒径为 2～15 mm，堆积成一定高度（或厚度）。床层静止不动，流体通过床层进行反应。它与流化床反应器及移动床反应器的区别在于固体颗粒处于静止状态。固定床反应器主要用于实现气固相催化反应，如氨合成塔、二氧化硫接触氧化器、烃类蒸汽转化炉等。用于气固相或液固相非催化反应时，床层则填装固体反应物。涓流床反应器也可归属于固定床反应器，气、液相并流向下通过床层，呈气液固相接触。

（2）固定床反应器的分类

固定床反应器有三种基本形式：

① 轴向绝热式固定床反应器，如图 8-1 所示，流体沿轴向自上而下流经床层，床层同外界无热交换。

② 径向绝热式固定床反应器。流体沿径向流过床层，可采用离心流动或向心流动，床层同外界无热交换。径向反应器与轴向反应器相比，流体流动的距离较短，流道截面积较大，流体的压力降较小。但径向反应器的结构较轴向反应器复杂。以上两种形式都属于绝热反应器，适用于反应热效应不大，或反应系统能承受绝热条件下由反应热效应引起的温度变化的场合。

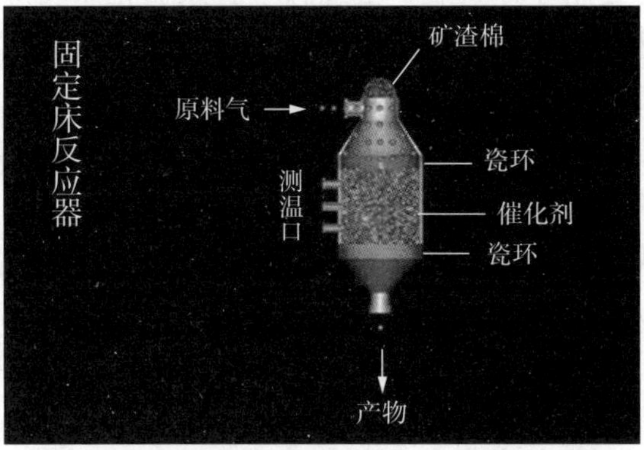

图 8-1　轴向绝热式固定床反应器模型图

列管式固定床反应器由多根反应管并联构成。管内或管间置催化剂，载热体流经管间或管内进行加热或冷却，管径通常在 25～50 mm，管数可多达上万根。列管式固定床反应器适用于反应热效应较大的反应。此外，尚有由上述基本形式串联组合而成的反应器，称为多级固定床反应器。例如：当反应热效应大或需分段控制温度时，可将多个绝热反应器串联成多级绝热式固定床反应器，反应器之间设换热器或补充物料以调节温度，以便接近于最佳状态。

(3) 特点与发展趋势

固定床反应器的优点：①返混小，流体同催化剂可进行有效接触，当反应伴有串联副反应时可得较高选择性；②催化剂机械损耗小；③结构简单。

固定床反应器的缺点：①传热差，反应放热量很大时，即使是列管式反应器也可能出现飞温（反应温度失去控制，急剧上升，超过允许范围）；②操作过程中催化剂不能更换，催化剂需要频繁再生的反应一般不宜使用，常以流化床反应器或移动床反应器代之。

发展趋势：固定床反应器中的催化剂不限于颗粒状，网状催化剂早已应用于工业上。目前，蜂窝状、纤维状催化剂也已被广泛使用。

(4) 数学模型

固定床反应器是研究得比较充分的一种多相反应器，描述固定床反应器的数学模型有多种，大致分为拟均相模型（不考虑流体和固体间的浓度、温度差别）和多相模型（考虑到流体和固体间的浓度、温度差别）两类，每一类又可按是否涉及返混分为无返混模型和有返混模型，按是否考虑反应器径向的浓度梯度和温度梯度分为一维模型和二维模型。

2. 流化床催化反应评价系统

(1) 流化床反应系统独立运行模式

该操作模式以当前节能减排领域热门技术“流化床生物质催化气化”为实践教学

体系。粉末状生物质通过料斗称量后，由螺杆泵打入流化床反应器中。压缩空气、氮气等气体由上述固定床模式中的模拟气路从反应器底部进入；水蒸气则由液态物料气化罐发生并在从保温管路中由反应器底部进入。物料在流化床反应器中由异型加热器升温至500～700 ℃反应，生成的CO和H_2及其他气体通火炬燃烧后排放，反应器中吹出的催化剂粉体经旋风分离后回收利用。

以上所述的对模拟烟气配置、反应控制、烟气组成在线分析的过程控制和调节分为手动模式和DCS集成控制模式。对于计量仪表、阀门等路线控制单元均采用就地型仪表与远传型仪表旁路并列的安装方式来实现两种控制模式的选择。

（2）流化床-固定床串联运行模式

该操作模式以当前节能减排领域热门技术“流化床生物质催化气化”为实践教学体系。流化床中的生物质汽化过程与上述相同。生成的CO和H_2及其他气体经冷凝器冷凝后再进入气液分离器分离，所得气态物料主要为CO、H_2、N_2、CO_2，可再由管路输送至固定床反应器进行催化重整，得到组分比例更为合理的合成气。而液态物料也可以由输送泵输送至固定床反应器进行催化裂解和重整得到直链烃类产品。

同上，以上所述的对模拟烟气配置、反应控制、烟气组成在线分析的过程控制和调节分为手动模式和DCS集成控制模式。对于计量仪表、阀门等路线控制单元均采用就地型仪表与远传型仪表旁路并列的安装方式来实现两种控制模式的选择。

二、多相催化反应评价系统操作实训

1. 实训目的

（1）了解固定床反应器的操作基本原理及常见故障排除。

（2）掌握气固非均相反应体系中常见的流体输送设备如泵、风机等操作；了解体系中的流量、压力、温度及液位等控制参数的测量方法及仪表、阀门控制。

（3）了解气固相反应体系中工艺指标控制措施和方法。

（4）了解化工生产中常见的安全应急措施。

（5）了解气固非均相反应体系的床层压降的产生原因及测量方法。

（6）了解气相混合物料的配置和混合方法。

（7）了解常见气体混合物中的目标组分的在线检测方法。

（8）建立连续气固相反应体系的系统控制概念。

2. 实训任务

（1）根据工艺要求及现场装置，绘制多相催化反应系统的工艺流程图。

（2）采用固定床反应器进行喷氨，选择性催化还原脱除燃煤烟气中NO_x。

（3）控制并测量体系中的流量、压力、温度及液位等工艺参数。

（4）在线检测气体混合物中的目标组分浓度。

（5）实训结束后，撰写并提交实训报告。

3. 实训内容

（1）反应体系

该系统实训以环保工程中的前沿技术“喷氨选择性催化还原法脱除燃煤烟气中 NO_x”为实践教学体系。

SCR 催化脱硝反应原理和 SCR 脱硝催化剂表面反应发生机理分别如图 8－2 和图 8－3所示。

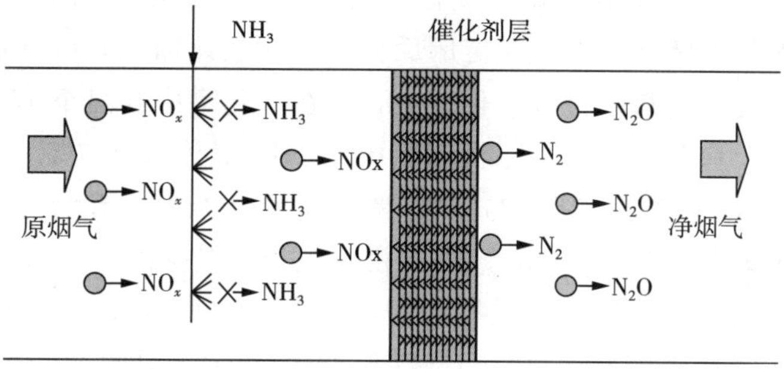

图 8－2　SCR 催化脱硝反应原理图

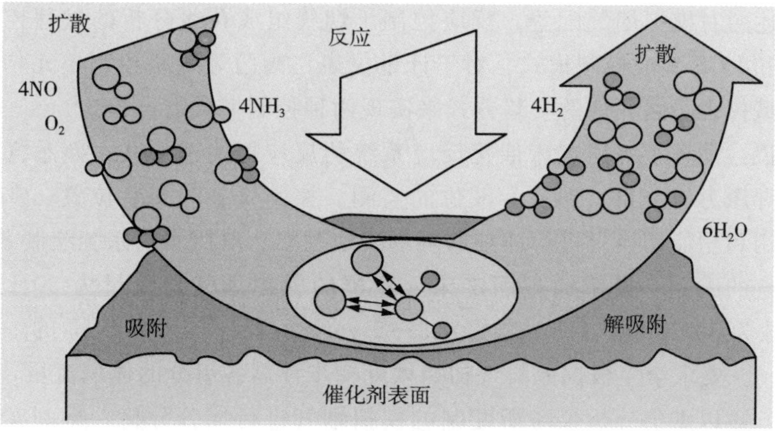

图 8－3　SCR 脱硝催化剂表面反应发生机理图

反应原理：

$$4NO+4NH_3+O_2 \longrightarrow 4N_2+6H_2O$$

$$2NO_2+4NH_3+O_2 \longrightarrow 3N_2+6H_2O$$

副反应：

$$4NH_3+3O_2 \longrightarrow 2N_2+6H_2O$$

$$4NH_3+5O_2 \longrightarrow 4NO+6H_2O$$

控制指标：NO 转化率、N_2选择性。

控制参数：温度、空速（换算为催化剂装填量）、压力以及目标气体的组分浓度等。

系统组成：模拟烟气配制系统，蒸汽加湿系统，流量监测、控制系统，压力检测、控制系统，温度监测、控制系统，反应器单元，烟气组分在线监测系统。

（2）基本操作过程

钢瓶中 NO、N_2及空压机提供的压缩空气经流量调节为一定配比后进入混气罐中混合，再进入加湿器，在升温加湿后带有一定量的水汽，配制成含有一定浓度的 NO 模拟烟气。在管路保温情况下通入固定床反应器。在气体加湿后湿度仍不足的情况下，原料罐中的水通过计量进料泵打入气化罐中，水在气化罐中升温至 150～200 ℃，将水蒸发成水蒸气通入反应器中。同时原料钢瓶中的 NH_3经流量调节后（根据与 NO 反应的化学剂量比）进入反应器。NH_3与模拟烟气在反应器内的预置催化剂床层上发生 SCR 反应，生成对环境无害的 N_2和 H_2O，由反应器出口排出。

反应器置于管式电加热炉内，在智能型温度控制仪的调节下实现温度的调节，温度的调节依据工艺的特性在 100～350 ℃区间。反应器进出口的烟气组成由取样口采样经烟气分析仪在线检测。模拟烟气中各原料气的配比由各支路的流量控制仪进行调节。模拟烟气的加湿程度（即含水量）由加湿器的温度来调控。

以上所述的对模拟烟气配置、反应控制、烟气组成在线分析的过程控制和调节分为手动模式和 DCS 集成控制模式。对于计量仪表、阀门等线路控制单元均采用就地型仪表与远传型仪表旁路并列的安装方式来实现两种控制模式的选择。

系统认识：现场了解固定床催化反应系统的反应器构造形式；熟悉气体输送管路的走向；掌握压力、流量、温度、液位的监测、控制仪表的安装位置；掌握管路中各个阀门的作用和功能切换；进行详细的现场实地勘察，对照实物系统绘制系统流程图。

模拟烟气的配制：设定通过固定床反应器的模拟烟气总流量为 30 L/min。其中 NO 体积分数为 500 ppm，H_2O 含量为 2～5 vol%。反应器入口 NH_3的浓度与 NO 一致为 500 ppm。要求学生根据原料气初始浓度初步计算各组分的体积流量，并初调各路气体的流量，再以烟气分析仪对所配制的模拟烟气进行成分分析，得到实际的 NO 初始含量。（注：所有关于气体组分、流量的计算和调节均基于标态。存在实际状态与标态不一致的情况统一换算为标态体积。）

催化剂装填及床层压降测量：催化剂由反应器底部装入反应器，装填方式采用单元组合分体填装的形式。催化剂床层由若干个单元床层构成，每个单元床层由一个尺寸规格相同的多孔罐体内装颗粒状催化剂而成。催化剂装填量的调节通过增减每个单元床层的催化剂装填量或单元床层的堆积数量来实现。模拟烟气与 NH_3由反应器底部进入，在反应器入口处混合，经气流分布板调节后与各层催化剂接触，完成 SCR 催化反应。在此过程中，气流由于受到各层催化剂的阻力而产生了压降。压降的大小取决于床层的堆积密度、床层高径比、催化剂颗粒形状、催化剂孔隙率、单元层数等一系列装填参数。本次实训中由于催化剂的组成及成型性状已经选定，反应器尺寸参数也已固定，因此主要考察催化剂装填层数、单元层高度对系统压降的影响，实验结束后需绘制压降-床层高度关系图。注：为节省实验原料，压降实验气流采用压缩空气，而不采用模拟烟气，反应温度也为冷态（常温）。

4. 实训操作规程

(1) 系统开车前准备：检查并确定固定床反应器出口排空阀处于开启状态，至冷凝器走向管路阀门关闭；反应器进出口位置的气体取样口阀门关闭；反应器入口总阀门开启。

(2) 打开氮气钢瓶，按照模拟烟气配制实验所确定的 N_2 流量参数调节其流量计，使得反应器内的流动介质为氮气。

(3) 打开反应器加热炉左右加热段，设定起始端温度为 150 ℃，升温速率小于 10 ℃/min，直至加热炉左右端温度稳定为设定温度。

(4) 按照烟气配置实验所确定的配置参数，分别开启 NO、空气（空压机）、NH_3、水蒸气发生器阀门，并调节各自流量计，使得各组分在混气罐和汽水分离器以及反应器入口段充分混合后，进入反应器，开始 SCR 反应。

(5) 打开反应器入口端气体采样阀，采用烟气分析仪分析入口处烟气组成，测试完毕后，关闭采样阀。

(6) 打开反应器出口采样阀，接入烟气分析仪，对出口烟气组成进行连续在线监测。等反应器出口 NO 浓度稳定后读取气体组成参数，完成一个温度下的反应活性评价实验。

(7) 继续调节反应器的温度，使得其稳定在另一个恒定温度下，进行下一个温度下反应活性的评价。依次进行，完成一个温度系列，要求反应温度考察区间为 150～300 ℃，平均分布 4～6 个温度点。

(8) 停车：所有温度点测完后，停止实验。停车时首先关闭 NH_3 进气阀门，再依次关闭 NO 进口阀、水蒸气发生装置（并确保装置泄压）、N_2 进气阀；保留空气进气。关停反应炉加热（保温）温控器，使得反应器在流动空气的冷却作用下降温。等反应器温度降至 50 ℃以下后，关闭空气压缩机及空气进气阀门。关闭系统电源。

(9) 卸料：逐步按对角线位置松开反应器底部 U 形管连接件法兰组建的紧固螺栓，卸下 U 形管。拆卸过程中采用人工插入承托板的形式，临时支撑催化剂单元床层。待 U 形管移走后，逐步由反应器底部取出单元床层催化剂。将催化剂倒入指定的回收容器内。

(10) 实训结束，现场物品清理和卫生清扫，按要求关闭相关的水、电、气阀门，清扫卫生，移交相关工具及安全防护用品，经指导教师确认之后方可离开现场。

第九章　多功能环保型精细化工实训平台

一、实践目标

1. 知识目标

（1）掌握多功能精细化工产品配方原理（加料顺序）及各组分的作用。

（2）强化固液分离相关知识。

（3）巩固化工基本生产操作搅拌、乳化等知识。

2. 能力目标

（1）增强液体精细化工产品生产工艺指标控制能力。

（2）能够利用已有配方进行液体精细化工产品的复配，通过改变配方中各物质的相对含量或加入新的组分，对液体精细化工产品配方进行改进，并能够生产合格液体精细化工产品。

（3）强化工艺流程识图、读图、绘图能力。

（4）提升成本核算和成本控制的能力。

（5）提升根据产品需求创造、设计、搭建设备的能力。

（6）提升生产事故判断与处理能力。

3. 素质目标

（1）培养团队合作意识，提升有效沟通能力。

（2）培养工程职业道德和责任关怀理念。

（3）加强生产过程对环境和社会可持续发展影响的评价意识。

（4）强化项目层级管理能力。

二、工艺概述

1. 工艺背景

人类最早使用的洗涤剂是肥皂，随着有机合成表面活性剂的成功开发，合成洗涤剂逐步进入人们的生活，液体洗涤剂行业也得到了迅速发展。截至目前，液体洗涤剂的种类大致有衣料液体洗涤剂、餐具洗涤剂、个人卫生用清洁剂、硬表面清洗剂等。液体洗涤剂大致可以分为个人清洁护理用品、家庭清洁护理用品、工业和公共设施清洁用品三大品类体系。

洗涤用品工业的发展与经济、环境、技术和人口等因素的关联性较大，产品结构随着需求结构的不同发生转变。液体洗涤剂是近几年洗涤用品行业中发展的热点，行业存在着巨大的市场利润和商业空间。液体洗涤产品向着人体安全性和环境相容性更高的方向转变，节能、节水、安全、环保型产品将得到较快发展。发展液体洗涤剂将成为洗涤用品行业结构调整和可持续发展的重要内容。

2. 知识要点

液体洗涤剂的除污（油）机理主要是利用表面活性剂降低油水的界面张力，发生乳化作用，将待清洗的油分散和增溶在洗涤液中。表面活性剂是液体洗涤剂的主要组分，因此了解它对洗涤作用的影响，对于选择合适的组分至关重要。

洗涤作用的影响因素主要包括以下几个方面：

（1）界面张力

界面张力是表面活性剂水溶液的一项重要性质，洗涤剂的去污作用主要是通过表面活性剂来实现，故界面张力与洗涤作用有必然的内在联系。大多数优良的洗涤剂溶液均具有较低的界面张力。根据固体表面润湿的原理，对于一定的固体表面，液体的表面张力愈低，通常润湿性能愈好。润湿是洗涤过程的第一步，润湿好才有可能进一步起洗涤作用。此外，较低的界面张力有利于液体油污的去除，有利于油污的乳化、加溶等作用，因而有利于洗涤。

（2）吸附作用

洗涤液中的表面活性剂在污垢和被洗物表面吸附的性质，对洗涤作用有重要影响。这主要是由于表面活性剂的吸附使表面或界面的各种性质（如电性质、机械性质、化学性质）均发生变化。对于液体油污，表面活性剂在油水界面上的吸附主要导致界面张力降低（洗涤液优先润湿固体表面，使油污“蜷缩”），从而有利于油污的清洗。界面张力的降低，也有利于形成分散度较大的乳状液；同时界面吸附所形成的界面膜一般具有较大的强度，使得形成的乳状液具有较高的稳定性，不易再沉积于被洗物表面。表面活性剂的界面吸附对液体污垢的洗涤作用产生有利的影响。就吸附特性而言，阳离子表面活性剂的洗涤作用最差，价格高，通常情况下不适合用作洗涤剂。

（3）加溶作用

表面活性剂胶团对油污的加溶作用是被洗物表面去除少量液体油污最重要的机理。不溶于水的物质，因其性质各异而加溶于胶团的不同部位，形成透明、稳定的溶液。胶团对于油污的加溶作用，实际上是将油污溶解于洗涤液中，从而使油污不可能再沉积，这将大大提高洗涤效果。但加溶作用不是去除油污的主要机理，也不是表面油污洗涤过程中的主要影响因素。

（4）乳化作用

选择合适洗涤剂组分的重要步骤之一是选择适宜的乳化剂。不管油污多少，乳化作用在洗涤过程中总是相当重要的。具有高表面活性的表面活性剂，可以最大限度地降低油水界面张力，只需很小的机械功即可乳化，在降低界面张力的同时，发生界面吸附，有利于乳状液的稳定，油污质点不再沉积于固体表面。乳化作用是液体洗涤剂在洗涤过程中重要的影响因素。可以说，油溶于洗涤液中的过程就是其被乳化的过程，因此，选择有相当乳化能力的组分，是影响一种液体洗涤剂性能的重要因素。

（5）表面活性剂疏水基链长

一般说来，表面活性剂碳链愈长，洗涤性能愈好。但碳链过长，溶解度变差，洗涤性能亦降低。为达到良好的洗涤作用，表面活性剂亲水基与亲油基应达到适当的平衡。用作洗涤剂的表面活性剂，亲水亲油平衡值 HLB（hydrophilic lipophile balance）值在 13～15 之间为宜。

选择液体洗涤剂的主要组分时，可遵循以下一些通用原则：①有良好的表面活性和降低表面张力的能力，在水相中有良好的溶解能力；②表面活性剂在油/水界面能形成稳定的紧密排列的凝聚态膜；③根据乳化油相的性质，油相极性越大，要求表面活性剂的亲水性越强；油相极性越小，要求表面活性剂的疏水性越强；④表面活性剂能适当增大水相黏度，以减少液滴的碰撞和聚结速度；⑤要能用最小的浓度和最低的成本达到所要求的洗涤效果。

3. 工艺流程

依托工业生产精细化工产品的基本流程，包含了公用工段、反应配料、料液乳化、调配、过滤分离等多个单元模块。生产液体精细化工产品的主要工艺流程是自来水经过软化水柱 X101 处理成软化水后，用来作为配料以及冷却循环水供水使用；根据产品指标要求调节产品 pH 值至 6～8，活性剂含量不低于 10%按比例配入反应釜 R201，经充分混合均匀后，取样检测；合格后导入乳化釜（R202），进行乳化，日化品净洗原理主要是依据乳化原理；乳化完成的初步产品为保证最终获得具有一定香味、黏度、通透性、稳定性要求的产品，则需要进行再一步的调配处理，常见的工艺是在调浆釜（R301）内加入调和剂，比如香精、增稠剂、增亮剂、抗凝剂等；最后将处理后的产品经过冷浸至成品温度，经过滤器（F301）分离，灭菌器（X302）灭菌后即可得到符合指标要求的产品，存入产品罐（V301）内。

（1）工艺方框图

多功能环保型精细化工实习实践装置工艺流程方框图如图 9－1 所示。

（2）工艺流程图

多功能环保型精细化工实习实践装置带控制点流程图如图 9－2 所示。

图 9－2～图 9－10

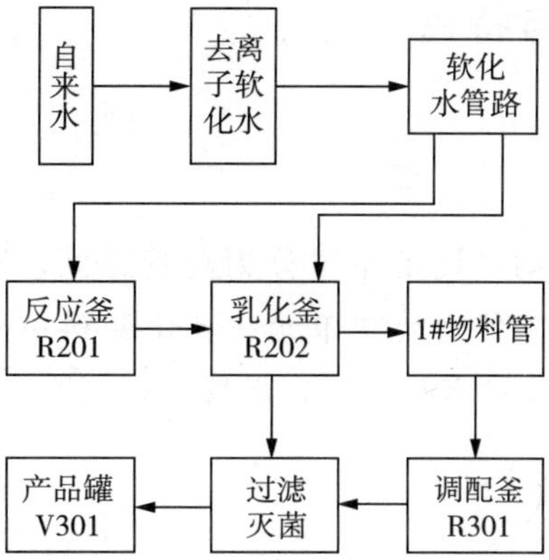

图 9-1　多功能环保型精细化工实习实践装置工艺流程方框图

4. 工艺指标

实验操作过程中，各控制点的控制参数可参考表 9-1 多功能环保型精细化工实习实践装置工艺指标。

表 9-1　多功能环保型精细化工实习实践装置工艺指标

名称	重要工艺点		工艺要求
技术指标	公共单元	软水箱液位	400～550 mm
		循环水罐液位	400～550 mm
		循环水罐温度	≤30 ℃
		空气缓冲罐	0.7 MPa
		真空缓冲罐	−0.06 MPa
	乳化配料单元	反应釜温度	45 ℃ ≤ TI201 ≤ 80 ℃
		反应釜转速	0～400 rpm
		反应釜压力	−0.05～0 MPa
		乳化釜温度	45 ℃ ≤ TI202≤80 ℃
		乳化釜转速	0～100 rpm
		乳化机转速	7000～30000 rpm
		乳化釜压力	−0.05 ～ 0 MPa
	调和冷却单元	调配釜温度	≤ 35 ℃
		调配釜压力	−0.02～0 MPa
		调配釜转速	0～100 rpm
		调配釜 pH 值	6～8
		产品罐温度	≤ 30 ℃

三、装置设计理念与特色

1. 装置布局描述

装置整体采用区域化布局，设备布置分为总管廊区、动力区、工艺区等。装置工艺采用工段模块化组合，工艺分为公共单元、乳化配料单元、调和冷却单元等工艺单元。各单元管路之间通过波纹管卡箍连接，设置有排污管。

2. 主要装置配置参数

(1) 装置尺寸：长×宽×高为 6600 mm×1120 mm×1900 mm，铝合金框架。

(2) 反应釜：20 L，内筒体 Φ325 mm×300 mm，t=5 mm，304 不锈钢材质，外夹套 Φ377 mm，304 不锈钢，t=3 mm，带上、下封头，可打开，使用压力：0.15 MPa；使用温度：80 ℃，配温度、压力检测，反应釜可拆卸组装。

(3) 乳化釜：20 L，内筒体 Φ325×300 mm，t=5 mm，304 不锈钢材质；外夹套 Φ377 mm，304 不锈钢，t=3 mm，带上、下封头，可打开，使用压力：0.15 MPa；使用温度：80 ℃，配温度、压力检测，反应釜可拆卸组装。

(4) 调配釜：20 L，内筒体 Φ325×300 mm，t=5 mm，304 不锈钢材质；外夹套 Φ377 mm，304 不锈钢，t=3 mm，带上、下封头，可打开，使用压力 0.15 MPa；使用温度 80 ℃，配温度、压力检测，反应釜可拆卸组装。

(5) 产品罐：20 L，Φ273 mm×290 mm，304 不锈钢，t=3 mm，配就地液位显示。

(6) 软化水储罐、循环水储罐：100 L，耐腐蚀 PE 材质，2 个；差压式和压力式液位计，液位自动控制。

(7) 压缩空气缓冲罐、真空缓冲罐：20 L，Φ273 mm×290 mm，304 不锈钢材质，t=3 mm。

(8) 水电配置：需水量约为 5 m^3/h，需配置上水管。

装置最大工作电负荷为 13 kW，需配置专用配电柜，配置三相四线，配置漏电保护开关。

四、实验步骤

1. 公共单元操作

(1) 上电：打开总电源，开启公共单元模块总电源与控制电源，打开一体机。

说明：图 9-2 为公共单元的开始界面，选择“单机版”点击“确认”按钮，即可进入力控界面开始实验。

说明：这里为公共单元操作界面（图 9-4）。VA102、VA103、VA105、VA106、VA114 为电动阀，显示红色为关闭状态，显示绿色为开启状态，点一下阀门可切换阀门状态，可观察各釜温度状态。

（2）检查控制系统相关量程、刻度与阀门状态是否显示正常，阀门检查可参照阀门初始状态图 9-3，并对应填写相关确认表 9-2。

（3）设定工艺参数检查无误后，手动设定控制系统软化水罐，液位上限 550 mm，下限 250 mm（达到液位下限时，软化水泵 P101 无法启动，因此设置下限时保证液位高于泵入口即可，超过设置的液位上限时电动阀门 VA102 会自动开启排污）；设定循环水罐，液位上限 550 mm，下限 400 mm，温度上限 40 ℃（根据液位和温度结合控制相应电动阀门的开启或关闭原理，尽可能保证循环水的温度和液位在设定范围内），如图 9-5～图 9-6 所示。

说明：点击“软化水罐液位控制”按钮出现软化水罐控制操作选项，可以根据实验需要对软化水罐的液位上限和液位下限进行设置。

（4）上水：打开软化水柱控制阀门（按照该控制阀的说明书进行），打开自来水上水总阀，制取软化水（前提是软化水柱内已填充阳离子树脂）。

（5）软化水罐操作：待观察软化水罐 V101 液位升至 250 mm 以上，启动软化水泵 P101，打开阀门 VA103，可根据需要调节 VA118 阀门，控制出水流量，打开阀门 VA107，可观察到水进入循环水罐。

说明：点击“软化水泵”按钮出现软化水泵控制操作选项。

（6）循环水罐操作：待循环水罐液位升至 400 mm 以上时，启动循环水泵 P102 打开阀门 VA106，维持设备运行状态，备用（循环出水流量通过涡轮流量计 FI101 显示，可根据需要调节 VA117 阀门，控制出水流量），如图 9-7、图 9-8 所示。另外，可根据实际需要进行选择自来水循环冷却，此时的操作需要与阀门 VA116 或 VA108 关联。

说明：点击“循环水泵”按钮出现循环水泵控制操作选项。

说明：点击“循环水罐液位控制”按钮出现循环水罐控制操作选项，可以对循环水罐的液位控制进行设置，可选择手动模式或自动模式，在自动模式下可根据实验需求设置相应的液位上限和液位下限。

（7）空气缓冲罐操作：检查 VA110 处于关闭状态，启动空气压缩机 C101，关闭阀门 VA109，观察空气缓冲罐内压力稳定后备用（或在后单元需要时再开启使用），如图 9-9 所示。

说明：点击“空压机控制”按钮出现空压机控制操作选项。

（8）真空缓冲罐操作：检查 VA113 处于关闭状态，打开阀门 VA114，启动真空泵 P103，关闭阀门 VA112，通过调节 VA114 开度控制缓冲罐压力在－0.05 MPa 左右，开启阀门 VA113，备用（或在后单元需要时再开启使用），如图 9-10 所示。

说明：点击“真空泵控制”按钮出现真空泵控制操作选项。

（9）操作过程中应注意观察各个总管压力显示读数是否有异常现象。

2. 配料乳化单元操作

（1）上电：打开总电源，开启乳化配料单元模块总电源与控制电源，打开一体机；

说明：图 9－11 为乳化单元系统界面，选择“单机版”点击“确认”按钮，即可进入力控界面开始实验。图 9－12 为配料乳化单元操作界面。VA201、VA205、VA206、VA207、VA216、VA217、VA226、VA213、VA224 为电动阀，显示红色为关闭状态，显示绿色为开启状态，点一下阀门即可切换阀门状态。可观察各釜温度状态。

（2）检查控制系统相关量程、刻度与阀门状态是否显示正常，阀门检查可参照阀门初始状态图 9－2，并对应填写相关确认表 9－3。

（3）称取原料，按配方称取相关原料，备用。

（4）打开阀门 VA201 向原料槽（V202）加入一定液位的软化水，也可打开原料槽盖子手动加工其他原料，以软化水为例现场液位计可视液柱高 15 mm 液位约为 5 L，可视液柱高 105 mm 约为 10 L，可视液柱高 190 mm 约为 15 L。开启阀门 VA203，经真空系统输送至反应釜 R201 中；也可打开阀门 VA204 通过计量泵输送至反应釜 R201 中。

计量泵（图 9－13）共设置三种控制模式，分别为常规模式、流量累计模式、程序控制模式。常规模式即输入流量系数和转速，界面显示当前流量；流量累计模式即在固有流量系数下输入转速，界面显示截止某一时间段累计输送流量体积，也可在此模式下输入设定液体体积，启动泵后当达到设定体积后泵自动停止；程序控制模式即可根据工艺过程需求将流量输送过程分为三段，每段可设置不同的转速及运行时间，泵启动后即按设定程序运行。

（5）反应釜（R201）用软化水可通过原料槽 2 导料，也可通过开启阀门 VA205 直接上水。反应釜加水后即可加入待溶解物料，根据物料相关属性及加料顺序，将原料加至反应釜 R201 中，其中每个物料加入前须等釜内物料溶解完再加入。开启反应釜搅拌，设定转速 100 rpm 左右，启动反应釜夹套电加热控制（设定电加热手动加热 80%，待夹套温度升至 58 ℃左右，关闭电加热，根据釜内温度微调电加热，上述方法可供参考），以釜内物料完全溶解为标准，维持釜内温度 TI201 不超过 80 ℃为宜。根据釜内物料溶解情况，补加剩余水，继续搅拌至原料全部溶解完成。

（6）当产品的生产过程中需要油相成分溶解时，将流动性好的油性液体物料加至原料槽 1（V201）中，通过计量泵 P201 定量输送至乳化釜中，计量泵共设置三种控制模式，使用方法同上，也可直接加入乳化釜中（图 9－14）。依次加入需要溶解的油溶性组分后，开启夹套电加热（设定电加热手动加热 80%，待夹套温度升至 58 ℃左右，关闭电加热，根据釜内温度微调电加热，上述方法可供参考）及乳化釜搅拌，设定搅拌转速70 rpm，反应釜温度不超过 80 ℃。

图 9－11～图 9－14

注：在制作液体洗涤剂如洗衣液、洗洁精及汽车用清洗剂时不需要油相和水相分别溶解，因此可在反应釜进行混合、搅拌、溶解，也可在乳化釜中进行。在制作乳化体类制品时需要将水相和油相物料分别溶解，根据水相和油相的加料顺序可分别将反应釜和乳化釜用作水相和油相的溶解罐。如某一乳化液制作中需要将水相加入油相中，此时可将反应釜做水相溶解罐，乳化釜做油相溶解罐，待各相分别溶解完全后，将反应釜溶液利用真空导入乳化釜。然后在乳化釜中进行混合、搅拌、均质乳化。

（7）待混合均匀，开启乳化釜（R202）真空阀门 VA206，打开反应釜出料阀门 VA212、VA214，将物料经真空系统（维持乳化釜内真空度－0.02 MPa，根据釜内泡沫情况进行乳化釜真空、放空阀调节）导料至乳化釜中。

（8）反应釜物料导入乳化釜后，打开乳化釜搅拌，设定螺带式搅拌转速 50～80 rpm，均质乳化转速 10000 rpm，乳化 15 分钟左右，其中均质乳化机搅拌应逐渐增大及逐渐减小设定，以免对均质乳化系统造成损坏。

注：均质乳化机安装位置限制，釜内物料必须在 20 L 以上，均质乳化机才能起作用。均质乳化机主要用于油水混合体系，可将油、水剪切为细小颗粒，提高产品的稳定性、均一性。大多用于乳液及膏霜类产品的生产。

（9）可通过乳化釜底取样阀 VA225，取样观察乳化质量。

注：此单元乳化釜采用螺带式刮壁搅拌，新设备前期由于四氟刮片较紧，搅拌时会有轻微震动，待四氟刮片磨合均匀后震动情况会消失。

3. 调和冷却单元操作

（1）上电：打开总电源，开启乳化配料单元模块总电源与控制电源，打开一体机；

说明：图 9－15 为调和冷却单元系统界面，选择“单机版”点击“确认”按钮，即可进入力控界面开始实验。图 9－16 为调和冷却操作界面。

（2）检查控制系统相关量程、刻度与阀门状态是否显示正常，阀门检查可参照阀门初始状态图 9－2，并对应填写相关确认表 9－4。

（3）“启动”恒温槽 X301（图 9－17 电脑上操作），设定制冷温度 10 ℃左右（恒温槽界面上操作），水浴循环不开启（建议实验开始前开启恒温槽，冷却效果更好），备用。

图 9－15～图 9－17

（4）开启调配釜（R301）真空阀门 VA302（维持调和釜内真空度－0.02 MPa，根据釜内泡沫情况进行调和釜真空、放空阀调节），打开乳化釜阀门 VA222、VA224 及 VA304，乳化釜料液通过 1＃物料管从乳化釜流入调配釜内。

（5）打开调配釜搅拌混合，设定转速 50～100 rpm。

（6）通过调配釜加料口加入复配辅料如香精、增稠剂、pH 缓冲剂等，搅拌混合均匀。

表 9-2 公共单元阀门状态确认表

阀门位号	VA101	VA102	VA103	VA104	VA105	VA106	VA107	VA108	VA109	VA110	VA111	VA112	VA113	VA114	VA115
状态															
阀门位号	VA116	VA117													
状态															

表 9-3 乳化配料单元阀门状态确认表

阀门位号	VA201	VA202	VA203	VA204	VA205	VA206	VA207	VA208	VA209	VA210	VA211	VA212	VA213	VA214	VA215
状态															
阀门位号	VA216	VA217	VA218	VA219	VA220	VA221	VA222	VA223							
状态															

表 9-4 调和冷却单元阀门状态确认表

阀门位号	VA301	VA302	VA303	VA304	VA305	VA306	VA307	VA308	VA309	VA310	VA311	VA312	VA313	VA314	VA315
状态															
阀门位号	VA316	VA317	VA318	VA319	VA320	VA321	VA322								
状态															

(7) 取样通过调配釜底部取样阀 VA307 取样，观察产品质量指标，产品合格后，打开恒温槽冷却循环并静置。

(8) 开启调配釜真空阀门，维持釜内压力为−0.03～−0.02 MPa，脱气（搅拌会有大量的微小气泡，造成溶液的稳定性差，经脱气操作，可将液体中气泡排出）。

(9) 当釜内温度降至 45 ℃以下时，关闭阀门 VA302，打开阀门 VA309、VA312，开启灭菌器 X302，打开阀门 VA321，物料经过滤器 F301、灭菌器 X302，导出至产品罐 V301。

(10) 也可开启产品罐真空阀门 VA315（维持产品罐真空度−0.02 MPa 左右），调配釜料液经真空系统导料至产品罐。

(11) 过滤器清洗：开启 VA310 前确认 VA309、VA312 关闭，然后开启 VA313，如此反复几次进行过滤器清洗，也可打开过滤器快装件将滤网取出清洗。

(12) 产品罐安装有视镜可观察产品性状，也可通过手孔进行罐体壁的清洁。罐体后端留有产品输送泵，可根据实际需求使用。

注：此单元乳化釜采用螺带式刮壁搅拌，新设备前期由于四氟刮片较紧，搅拌时会有轻微震动，待四氟刮片磨合均匀后震动情况会消失。

4. 设备清洗操作

(1) 先确认需要清洗的设备以及管路。

(2) 若管路内残留物料/产品，请确认是否可以进行再次利用或者回收。

(3) 确认不能回收的物料部分是否具有不符合排放标准的含磷、有机物、酸、碱等成分，若不符合需要通过排污回收集中收集处理；若符合排放标准，则可直接进行冲洗排放。

(4) 冲洗排放操作：打开需要冲洗的设备进水阀门（此部分可作为对设备的探索操作），按照设备选择进行搅拌洗涤和循环冲洗。当观察到所需清洗设备内部不再有物料残留，且排出污水干净无杂质，则表明清洗干净。

(5) 设备放净操作：当设备清洗完毕后，检查设备底阀以及排污阀是否全部打开，防止设备长期不用，存在积水，导致设备发生锈蚀、生菌等异常现象。

5. 阀门检查参照及记录表

实践平台在操作前应参照图 9-2，对照阀门状态确认表确认相应阀门的开闭状态，并在确认表中进行确认，符合填“√”；不符合填“×”。

(1) 公共单元

公共单元阀门状态确认表见表 9-2 所列。

(2) 乳化配料单元

乳化配料单元阀门状态确认表见表 9-3 所列。

（3）调和冷却单元

调和冷却单元阀门状态确认表见表 9－4 所列。

五、注意事项

（1）系统采用自来水作试漏检验时，系统加水速度应缓慢，系统高点排气阀应打开，密切监视系统压力，严禁超压。

（2）恒温槽切忌加水过满，防止循环过程中水外溢。

（3）关闭真空系统之前，应先开启真空缓冲罐放空阀，再关闭真空泵，防止倒吸。

（4）导料时若釜底出料堵塞，可开启釜底阀门通入压缩空气，及时调节阀门开度，防止液体飞溅。

（6）实验结束时，应用水清洗管路和设备，保持实验室的清洁。

六、附录

多功能环保型精细化工实习实践装置操作实例

1. 洗洁精

（1）配方及相关比例

<table>
<tr><th>序号</th><th>名称</th><th>比例/%</th><th>备注</th></tr>
<tr><td>1</td><td>AOS（α-烯基磺酸钠）</td><td>1</td><td rowspan="11">以上比例为质量分数，若使用乳化均质头，釜液必须超过 23 L，均质头严禁空转</td></tr>
<tr><td>2</td><td>AES（脂肪醇聚氧乙烯醚硫酸钠）</td><td>5</td></tr>
<tr><td>3</td><td>AEO－9（脂肪醇聚氧乙烯醚）</td><td>5</td></tr>
<tr><td>4</td><td>6501（椰子油脂肪酸二乙醇酰胺）</td><td>4</td></tr>
<tr><td>5</td><td>TX－10（烷基酚聚氧乙烯醚）</td><td>5</td></tr>
<tr><td>6</td><td>638 增稠粉（聚乙二醇 6000 双硬脂酸酯）</td><td>2</td></tr>
<tr><td>7</td><td>NaCl（工业级）（根据产品黏稠度可微调）</td><td>1.5</td></tr>
<tr><td>8</td><td>CAB－35（椰油酰胺丙基甜菜碱）</td><td>1</td></tr>
<tr><td>9</td><td>EDTA（乙二胺四乙酸）</td><td>0.5</td></tr>
<tr><td>10</td><td>茉莉味香精</td><td>少许</td></tr>
<tr><td>11</td><td>剩余去离子水</td><td>补充至 100%</td></tr>
</table>

(2) 操作条件

操作温度：溶解温度 40～50 ℃；乳化温度 60～70 ℃。

乳化时间：10～15 分钟，乳化均质机严禁空转！

(3) 操作步骤

① 计量槽分两次分别加入 640 mm、235 mm 液位的软化水，共计 12.5 L。

② 反应釜温度为 45 ℃，开启搅拌，加入 EDTA，加入 AOS（约 5 min 溶解完毕）。

③ 加入 AES（约 8 min 溶解完毕），加入 AEO－9（约 8 min 溶解完毕），维持温度转速；加入 6501 和 TX－10。

④ 反应釜设定温度 65 ℃，设定转速 75 rpm，混合 5 min。

⑤ 导料至乳化釜，设定温度 65 ℃，乳化速度 2200 rpm，待釜内温度升至 65 ℃左右，加入 638 增稠粉，搅拌 35 min。

⑥ 导入调浆釜，加入 NaCl；溶解完毕后（约 8 min），冷却至 35 ℃以下。

⑦ 加入 CAB－35（椰油酰胺丙基甜菜碱）和茉莉味香精，3 min 后实验完毕。

2. 洗衣液

(1) 配方及相关比例

序号	名称	比例/%	备注
1	EDTA（乙二胺四乙酸）	1	以上比例为质量分数，若使用乳化均质头，釜液必须超过 23 L，均质头严禁空转
2	AOS（α-烯基磺酸钠）	3	
3	AES（脂肪醇聚氧乙烯醚硫酸钠）	8	
4	6501（椰子油脂肪酸二乙醇酰胺）	4	
5	K12（十二烷基硫酸钠）	1	
6	亮蓝色素	少许	
7	CAB－35（椰油酰胺丙基甜菜碱）	0.5	
8	薰衣草香精	少许	
9	剩余去离子水	补充至 100%	

(2) 操作条件

操作温度：溶解温度 35～45 ℃，乳化温度 55～65 ℃；

乳化时间：10～15 min，乳化均质机严禁空转！

(3) 操作步骤

根据相关物料属性，自定相关操作步骤。

3. 洗手液

(1) 配方及相关比例

序号	名称	比例/%	备注
1	AES（脂肪醇聚氧乙烯醚硫酸钠）	7	以上比例为质量分数，若使用乳化均质头，釜液必须超过 23 L，均质头严禁空转
2	K12（十二烷基硫酸钠）	1.5	
3	6501（椰子油脂肪酸二乙醇酰胺）	3	
4	珠光浆	2	
5	柠檬酸	0.1	
6	NaCl（工业级）	1	
7	茉莉味香精	少许	
8	柠檬色素	少许	
9	剩余去离子水	补充至 100%	

(2) 操作条件

操作温度：溶解温度 45 ℃，乳化温度 70～75 ℃；

乳化时间：10～15 min，乳化均质机严禁空转！

(3) 操作步骤

根据相关物料属性，自定相关操作步骤。

4. 玻璃水

(1) 配方及相关比例

序号	名称	比例/%	备注
1	TX-10（烷基酚聚氧乙烯醚）	2	以上比例为质量分数，若使用乳化均质头，釜液必须超过 23 L，均质头严禁空转
2	AES（脂肪醇聚氧乙烯醚硫酸钠）	1	
3	异丙醇	3	
4	乙醇	5	
5	凯松	0.1	
6	亮蓝色素	0.0036 g/L	
7	剩余去离子水	补充至 100%	

（2）操作条件

操作温度：溶解温度常温，乳化温度常温；

乳化时间：10～15 min，乳化均质机严禁空转！

（3）操作步骤

根据相关物料属性，自定相关操作步骤。

5. 洗车液

（1）配方及相关比例

序号	名称	比例/%	备注
1	磺酸钠（十二烷基苯磺酸钠）	4	以上比例为质量分数，若使用乳化均质头，釜液必须超过 23 L，均质头严禁空转。
2	K12（十二烷基硫酸钠）	5	
3	TX－10（烷基酚聚氧乙烯醚）	1	
4	磷酸（正磷酸）	0.1	
5	丙三醇	2	
6	蜂蜡	0.2	
7	剩余去离子水	补充至 100%	

（2）操作条件

操作温度：溶解温度 35 ℃，乳化温度 50 ℃；

乳化时间：10～15 min，乳化均质机严禁空转！

（3）操作步骤

根据相关物料属性（表 9－5），自定相关操作步骤。

表 9－5 精细化学品物料属性

序号	名称	别名	作用
1	AES	脂肪醇聚氧乙烯醚硫酸钠	白色膏体，易溶于水，具有优良的去污、乳化、发泡性能和抗硬水性能，温和的洗涤性质不会损伤皮肤，为碱性阴离子表面活性剂
2	磺酸钠	十二烷基苯磺酸钠	白色或淡黄色粉末，中性，起泡力强，去污力高，易与各种助剂复配，成本较低，合成工艺成熟，是非常出色的阴离子表面活性剂
3	6501	椰子油脂肪酸二乙醇酰胺	淡黄色至琥珀色黏稠液体。去污、发泡、性质温和，有增稠水溶液的作用

（续表）

序号	名称	别名	作用
4	EDTA	乙二胺四乙酸	白色粉末，改善水质，可选放，软化硬水、稳定泡沫作用
5	氯化钠	盐	白色颗粒，在洗涤剂中，主要是增加黏稠度的作用，和AES起反应，使产品更黏稠
6	K12	十二烷基硫酸钠	白色或奶油色结晶鳞片或粉末，具有良好的乳化、发泡、渗透、去污和分散性能
7	AOS	α-烯烃磺酸钠	白色或淡黄色粉末，易溶于水，AOS具有很好的综合性能，工艺成熟，质量可靠，发泡好，增强手感，生物降解性好，有很好的去污能力，特别在硬水中也显示出去污力基本不降低的特点
8	香精	/	液体，增加香味，给人清新愉悦的感受，掩盖化学成分的固有异味，赋予产品好的形象
9	CAB	椰油酰胺丙基甜菜碱	微黄色透明液体，具有良好的抗硬水性、抗静电性及生物降解性，发泡性和显著的增稠性，有低刺激性和杀菌性，配合使用能显著提高洗涤类产品的柔软、调理和低温稳定性
10	丙三醇	甘油	透明液体，保持皮肤湿润不干燥，有护肤、润肤的作用，作为有机原料和溶剂有着广泛用途
11	异丙醇	二甲基甲醇	无色透明具有乙醇气味的可燃性液体
12	珠光浆	/	乳白液体，增加香波膏体的亮泽度，赋予洗涤膏体珍珠般的光泽，给人以质量好的感觉
13	AEO-9	脂肪醇聚氧乙烯醚	无色透明液体或白色膏状，主要用于羊毛净洗剂，毛纺工业脱脂剂、织物净洗剂以及液体洗涤剂活性组分，一般工业用作乳化剂
14	TX-10	烷基酚聚氧乙烯醚	无色透明液体，易溶于水，具有优良的乳化净洗能力，是合成洗涤剂重要组分之一，能配制各种净洗剂，对动植矿物油污清洗能力强
15	磷酸	正磷酸	白色固体或者无色黏稠液体，是肥皂、洗涤剂、金属表面处理剂的用料
16	蜂蜡	/	黄色或淡黄棕色块状或白色颗粒，有上光作用
17	乙醇	酒精	无色透明液体，易挥发，易燃烧，用于包括皮肤消毒、医疗器械消毒，碘酒的脱碘等

（续表）

序号	名称	别名	作用
18	凯松	/	液体，防腐防霉剂，有效期两年左右，用量为千分之一到千分之十，加氯化钠之前放入即可
19	色素	/	赋予产品一定色度
20	柠檬酸	/	白色结晶粉末，在工业、食品业、化妆业等具有极多的用途
21	638 增稠粉	聚乙二醇 6000 双硬脂酸酯	白色至淡黄色块状或粉状固体，比较难溶于水，通常方法是用热水溶解后加入其他料液中，洗涤剂中添加量 0.1%～0.5%，可先用 5 kg 左右热水溶解后加入料液中

第十章　化工工程实训虚拟仿真

一、虚拟仿真平台概述

将虚拟仿真技术应用在化工专业或者安全工程实践教学，以培养学生的工程实践能力和创新能力为目标，深入开展虚拟仿真实验教学探索和研究，借助虚拟仿真手段，使不可及、不可视、高风险、高污染的操作过程变得直观、形象，更具可操作性，破解高校实践教学中长期存在的做不了、做不好、做不到、做不上的难题。安全教育组织难、消耗高的问题也迎刃而解。

虚拟仿真系统的建成，构建了“教室—实验室—工厂”三位一体的工程教育资源，遵循了“能实不虚，虚实结合”的理念，全方位提高学生的工程实践能力。虚拟仿真技术在实验教学体系建设、教学模块设计开发、教学模式实施、开放共享等方面将起到关键的、重要的作用。

在化工专业新工科建设和卓越工程师培养过程中，利用虚拟仿真技术，坚持和落实科学发展观，以学生为本，以创新人才培养为核心，实施开放式实验教学，促进学生知识、能力、思维和素质的全面协调发展；提升化学工程新工科实验教学水平，完善和改革现有实验课程体系，达到培养高素质创新型专业人才的目的。

探索化工专业优质教学资源共享、学生自主学习和交流、学习行为分析和教学持续改进的信息化手段，培养学生数字化思维，提升信息技术应用能力；针对化工新工科领域，建设优质在线课程，既服务高校人才培养，也满足企业培训需求；探索化工工程实践教学中虚拟仿真等信息技术的深度应用，实现优质实验教学资源开放共享。

以《国家中长期教育改革和发展规划纲要（2010—2020 年）》为指导，认真贯彻落实《教育部关于全面提高高等教育质量的若干意见》的精神，遵照教育部《高等学校实验室工作规程》，紧紧围绕创新性应用型人才培养这个中心任务，将虚拟仿真技术应用于化学工程人才培养。在已有虚拟实验内容的基础上，结合专业特色，积极拓展新的实验内容，进一步提高优质课程的社会影响和辐射作用。

通过引入虚拟仿真教学的技术手段，结合目前的实际教学资源与科研项目，本课程开发了一批专门针对化工工程实验教学任务中的涉及高危或极端的化工、不可及或不可逆的操作，高成本、高消耗、大型或综合训练等教学内容。发挥学校学科专业优势，积极利用企业的开发实力和支持服务能力，充分整合学校信息化实验教学资源，以培养学生综合设计和创新能力为出发点，创造性地建设与应用高水平软件共享虚拟实验、仪器共享虚拟实验和远程控制虚拟实验等教学资源，提高教学能力，拓展实践领域，丰富教学内容，降低实验教学成本和风险，开展绿色实验教学。结合学科特色，充分发挥科研促进教学的作用，与相关企业合作，将师资队伍的科研成果转化为仿真教学资源，充实实验项目，研发一批具有自主知识产权的虚拟仿真教学软件，提高虚拟仿真教学资源的互动性操作体验及智能化水平。

本课程开发的新工科虚拟仿真教学服务系统具有以下四大特色。

（1）场景构建：根据真实场景搭建装置环境，学生分角色扮演三维工厂中的角色，以学员为中心、任务为引领，让学生产生强烈的参与感，增强学习的趣味性。并且，可以实现专业角色之间的互动，通过丰富、生动的语音和动画效果逼真地模拟现场操作，增强学生学习的主动性，提高学生学习兴趣。

（2）内容设计：软件包含丰富的实习内容，并增强实习内容的可变性和过程的不可预知性。

（3）教学设计：进行案例教学，可帮助学生更为直观地理解教学内容。在为认识实习、专业实习提供直接条件的同时，也为毕业设计、设备选型与设计、自动化仪表与控制等课程提供素材与范例。培养学生创新思维和工程意识，建立了“拓展综合，随需而变，虚实结合，启迪创意”的全新工程训练体系，提高实践动手能力，为将来进入企业打下坚实的基础，实现毕业生的“零距离”就业。

（4）使得实习综合演练得以实现。当各专业学生完成各自专业实习之后，就可以进行综合演练，达到其他教学模式无法达到的效果，也无法进行教学组织的综合演练目标，使得三维工厂运行更加逼近真实。进行跨专业、跨学科的综合演练，培养学生的协调能力、表达能力、沟通能力、领导能力等。

根据合肥工业大学一流专业和工程认证的化学化工学院专业实验室建设系统的整体设计思路如图 10－1 所示。

主要功能钮：工艺知识、设备知识、思考题库、仿真工艺。

工艺知识：该部分主要以图片和文字方式介绍相关知识，使学生了解行业相关知识，拓宽学生知识领域，内容可包括行业背景知识、化工通识、各系统专业知识、安全知识等。

设备知识：该部分通过 3D 动画、视频、音频等多媒体技术，基于丰富的表现力和良好的交互性，将抽象的、无法直接观察的工艺和设备技术形象化、具体化，声情并茂，使传统设备技术教学过程中枯燥、乏味、抽象的图、表和文字记忆转变为形象记忆，有效地增强学生学习兴趣和学习效果，使学生能深刻掌握相关设备知识，如设备

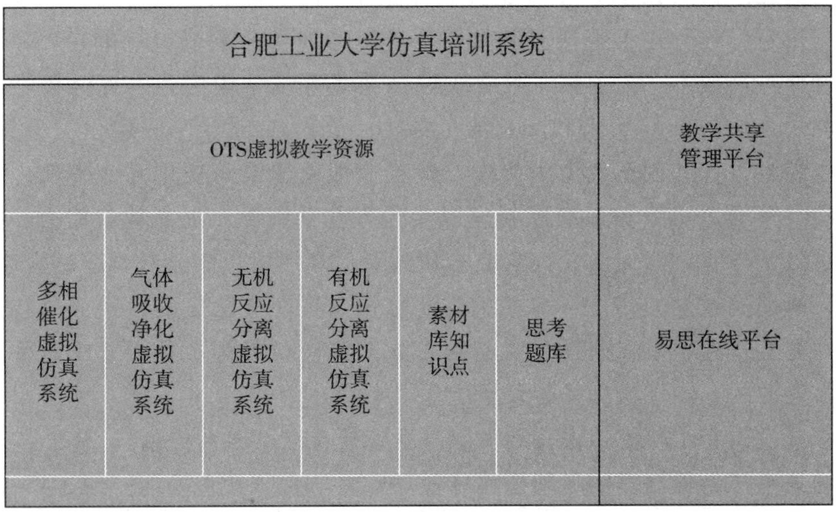

图 10－1　设计思路框架图

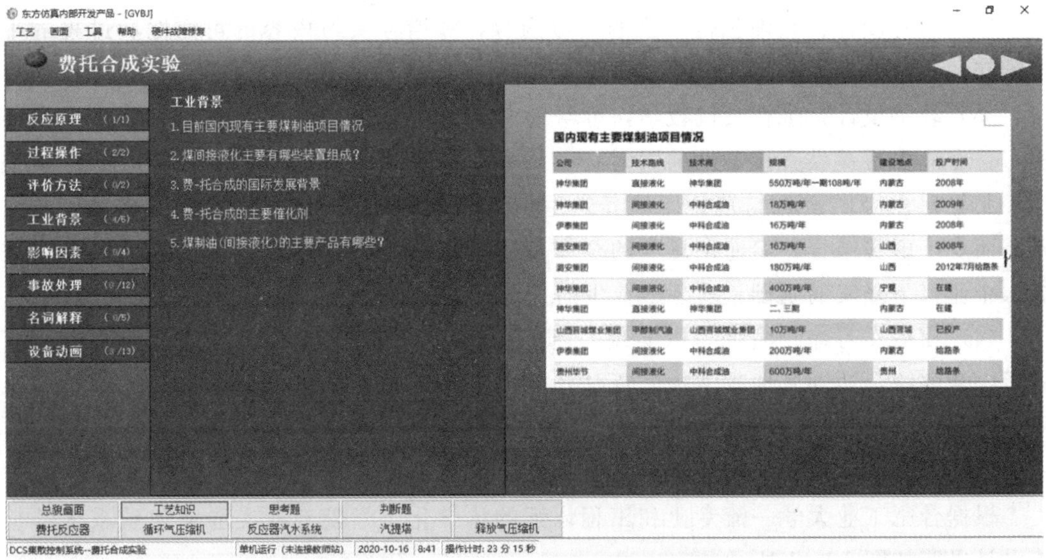

图 10－2　虚拟仿真系统界面示意图

外形、内部结构、拆装顺序、工作原理等相关知识，从而更好地在工作中发挥作用。设备常识部分主要基于东方仿真 3D 设备素材库，将根据定制生产设备的特点，选取部分经典的设备素材嵌入软件中，丰富软件教学内容，使相关知识系统化（图 10－3）。

思考题库：思考题库设计环节主要是通过对学员掌握的工艺知识、设备知识、仿真知识的考核，可以使学员对已学知识进行自我评估，也可让教师更好地掌握学员的学习程度，方便后续课程的展开（图 10－4）。

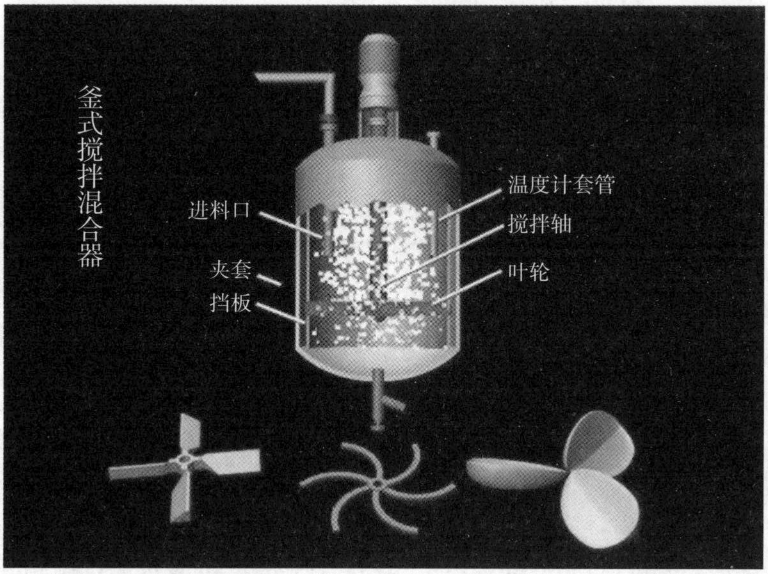

图 10－3 设备知识示意图

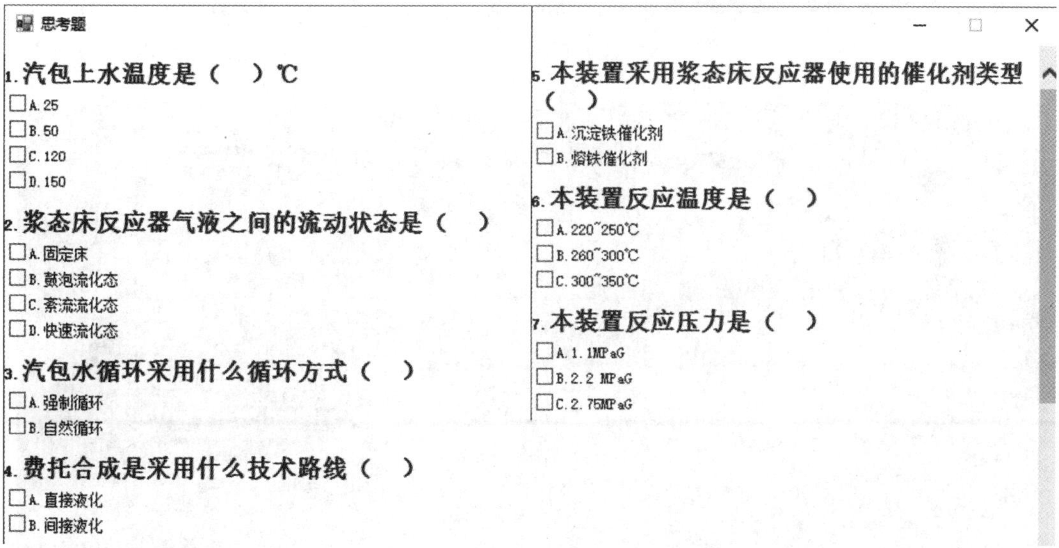
思考题

1.汽包上水温度是（ ）℃
- A. 25
- B. 50
- C. 120
- D. 150

2.浆态床反应器气液之间的流动状态是（ ）
- A. 固定床
- B. 鼓泡流化态
- C. 紊流流化态
- D. 快速流化态

3.汽包水循环采用什么循环方式（ ）
- A. 强制循环
- B. 自然循环

4.费托合成是采用什么技术路线（ ）
- A. 直接液化
- B. 间接液化

5.本装置采用浆态床反应器使用的催化剂类型（ ）
- A. 沉淀铁催化剂
- B. 熔铁催化剂

6.本装置反应温度是（ ）
- A. 220~250℃
- B. 260~300℃
- C. 300~350℃

7.本装置反应压力是（ ）
- A. 1. 1MPaG
- B. 2. 2 MPaG
- C. 2. 75MPaG

图 10－4 思考题库示意图

仿真工艺：4 套系统都采用“U3D＋OTS 2D”的开发形式，其中 2D 部分依托东方仿真自主研发的 PISP 开发平台，采用经典的 OTS 系统进行内容的设计与开发现场装置及环境的模拟采用 U3D 技术进行，参照实训基地二期实训工厂实物原型，搭建出逼真的现场三维场景以适应学校的教学需求（图 10－5～图 10－7）。

图 10－5～图 10－6

图 10-7　生产培训系统现场 3D 效果图

3D 软件主要功能如图 10-8 所示，点击界面菜单按钮展开功能菜单。

实验目的栏目介绍本实验相关的实验目标、实验任务和实验内容等。

装置布局栏目介绍实验装置的设备分布，效果参考如图 10-9 所示。

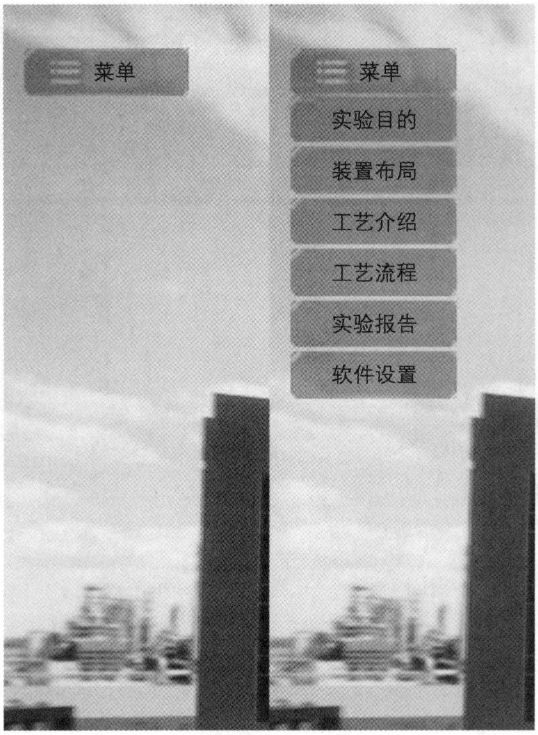

图 10－8　3D 软件菜单界面示意图

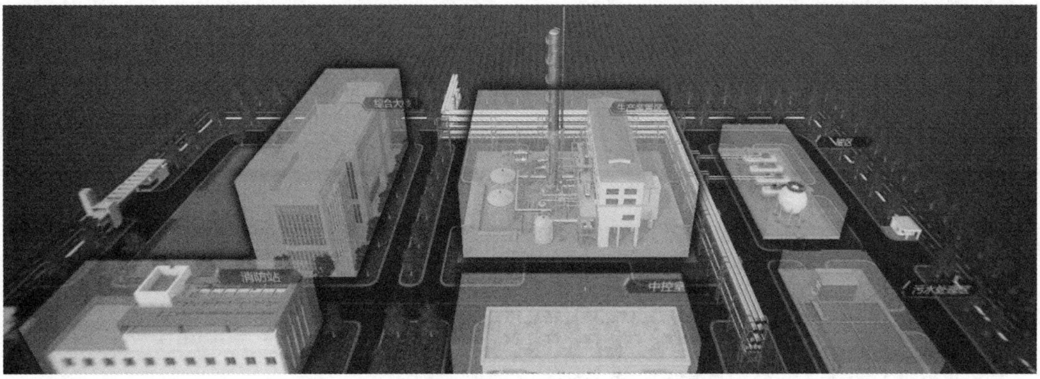

图 10－9　装置布局栏目示意图

工艺介绍栏目介绍实验相关的基础化工知识，效果参考如图 10－10 所示。

实验报告栏目根据软件操作记录生成实验报告，效果参考如图 10－11 所示。

软件设置栏目设置软件的声音效果和画面效果，如图 10－12 所示。

图 10-10　工艺介绍栏目示意图

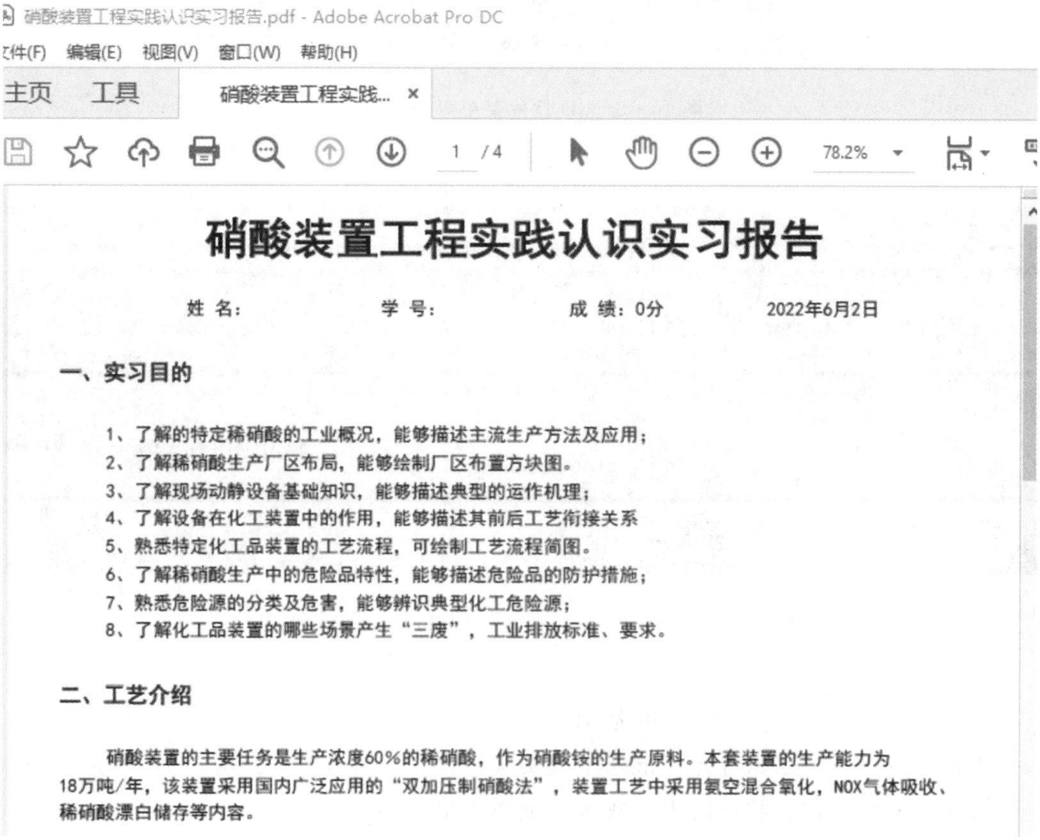

硝酸装置工程实践认识实习报告

姓 名:　　学 号:　　成 绩:0分　　2022年6月2日

一、实习目的

1、了解的特定稀硝酸的工业概况,能够描述主流生产方法及应用;
2、了解稀硝酸生产厂区布局,能够绘制厂区布置方块图。
3、了解现场动静设备基础知识,能够描述典型的运作机理;
4、了解设备在化工装置中的作用,能够描述其前后工艺衔接关系
5、熟悉特定化工品装置的工艺流程,可绘制工艺流程简图。
6、了解稀硝酸生产中的危险品特性,能够描述危险品的防护措施;
7、熟悉危险源的分类及危害,能够辨识典型化工危险源;
8、了解化工品装置的哪些场景产生"三废",工业排放标准、要求。

二、工艺介绍

硝酸装置的主要任务是生产浓度60%的稀硝酸,作为硝酸铵的生产原料。本套装置的生产能力为18万吨/年,该装置采用国内广泛应用的"双加压制硝酸法",装置工艺中采用氨空混合氧化,NOX气体吸收、稀硝酸漂白储存等内容。

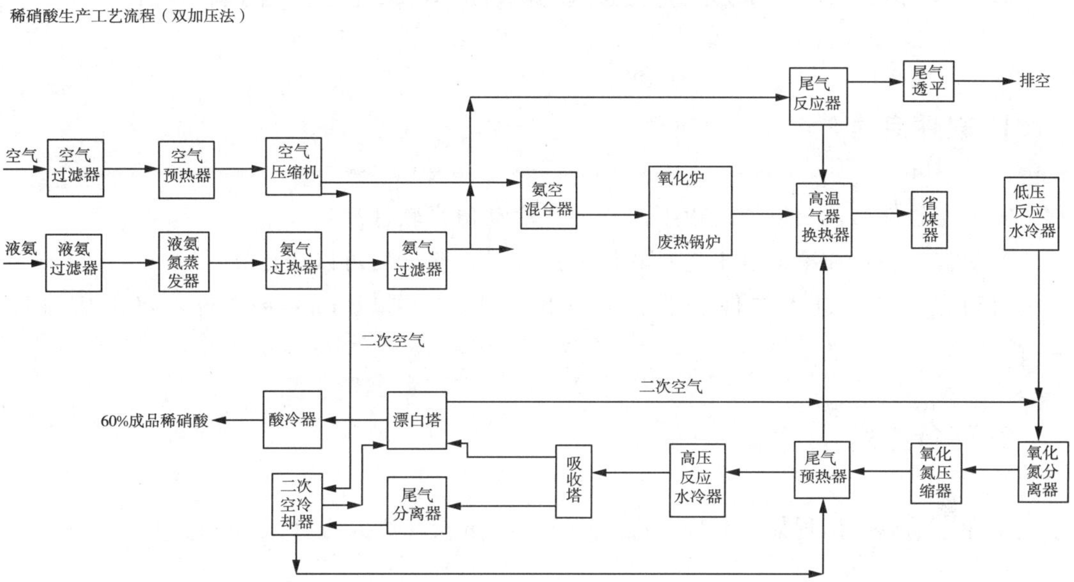

图 10－11　实验报告栏目示意图

图 10－12　软件设置栏目示意图

二、无机反应-分离系统轻质碳酸钙制备工艺虚拟仿真平台

1. 软件启动

安装完软件后，可以通过以下两种方式启动仿真软件。

启动方式一：在桌面点击仿真软件快捷方式，双击后可以运行软件。

启动方式二：进入软件安装目录，找到 PISPNETRun. exe 文件，双击后可以运行。

2. 运行方式

软件启动后，出现如下界面（图 10－13），输入教师机的 IP 地址或计算机名称。

图 10－13　启动界面示意图

软件有“局域网模式”和“单机练习”两个运行模式，这两个模式运行起来软件内容是一样的。这两个模式的区别在于，学生将软件在“局域网模式”下运行时，老师在教师机上打开教师站可以观察学生的练习情况（如时长、得分等），但是“单机练习”模式下，老师看不到学生的练习情况。

当软件以单机练习的方式启动后，出现以下界面（图 10－14）。

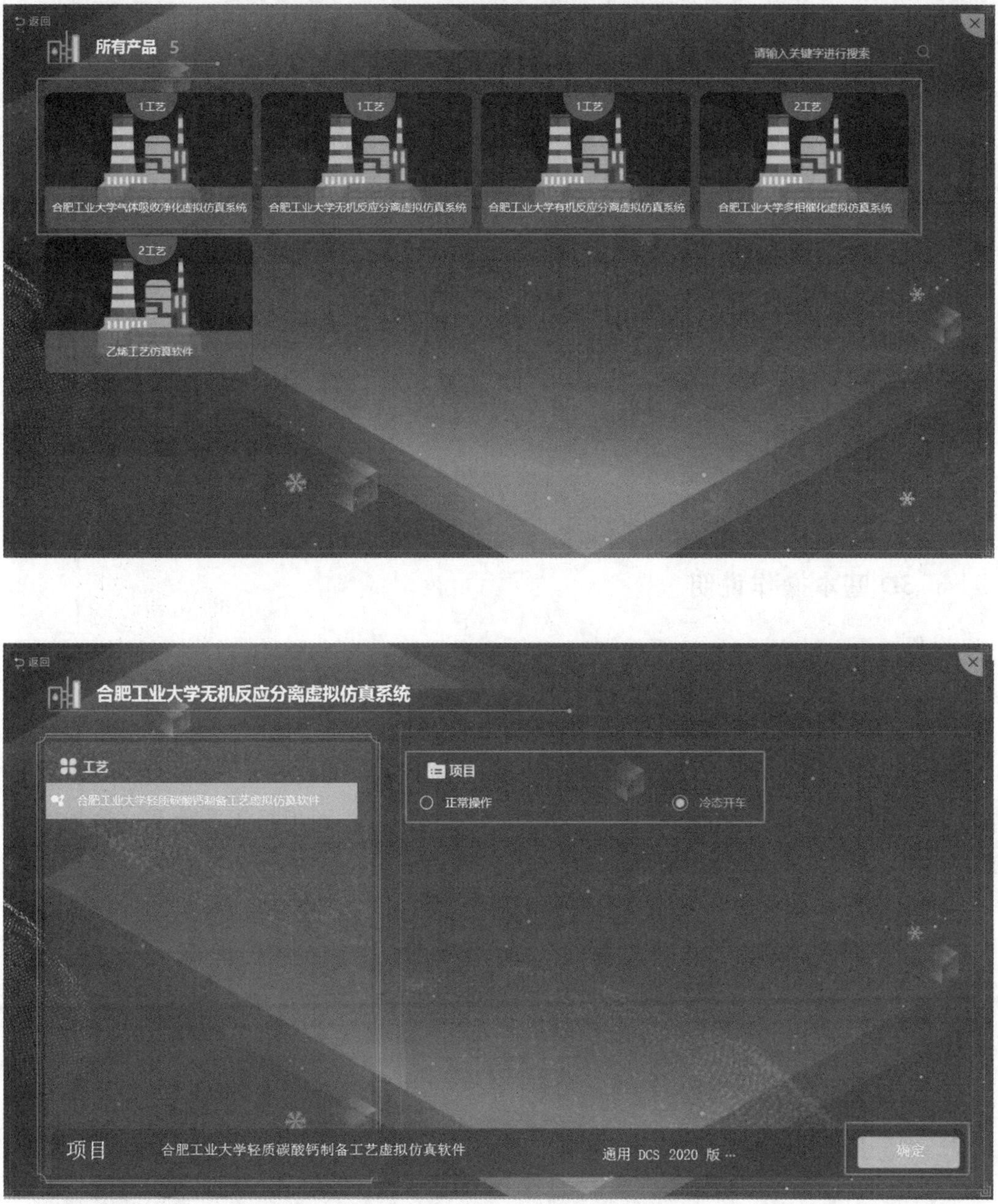

图 10－14　软件内容示意图

3. 主界面认知

在程序加载完相关资源后，出现仿真操作主界面——3D 界面（图 10－15）。

图 10－15　3D 界面示意图

4. 3D 基本操作说明

按住键盘上的 WSAD 键可控制当前角色进行前后左右移动。按住 SHIFT 的同时按住 WASD 可快速移动。空格跳跃，按住鼠标右键，拖动可进行视角的转动。

5. 3D 具体操作说明

如图 10－16 所示，菜单功能包括：实验目的、工艺知识、工艺流程、实验报告、查找设备、软件设置和思考题。

图 10－16　菜单界面示意图

(1) 实验目的

查看实验目的的内容，点击确认后，开始实验操作，如图 10 - 17 所示。

图 10 - 17　实验目的示意图

(2) 工艺知识

查看和学习常见化工设备的相关知识，如图 10 - 18 所示。

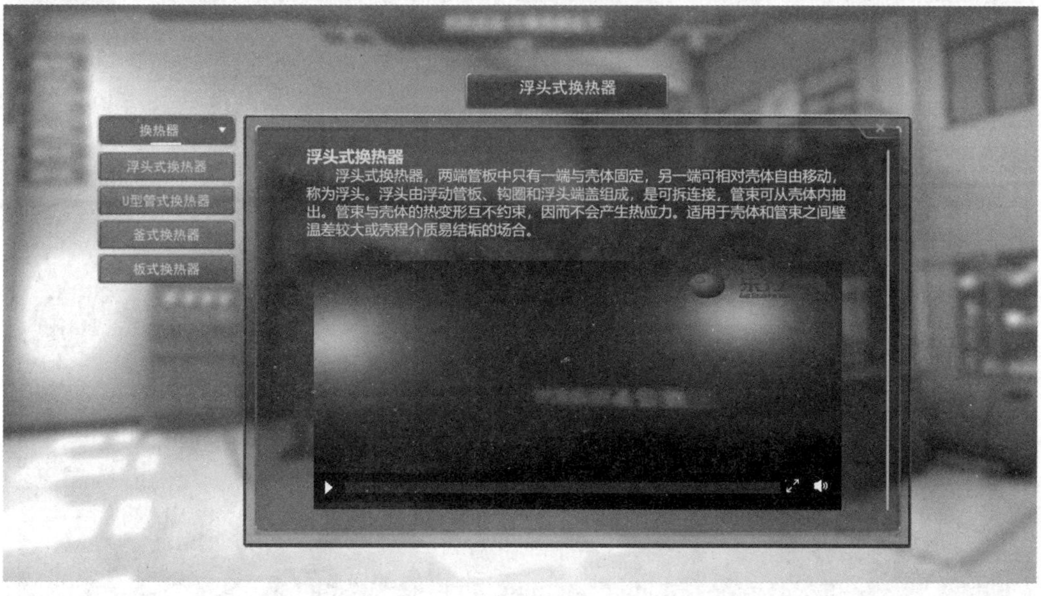

图 10 - 18　工艺知识示意图

（3）工艺流程

查看和学习工艺流程，如图 10－19 所示。

图 10－19　工艺流程示意图

（4）实验报告

可以通过“报告按钮”形成实验报告形成教学的反馈（图 10－20）。报告包含实训目的、实训任务、实训操作规程，将操作情况如实反映到实验报告上。

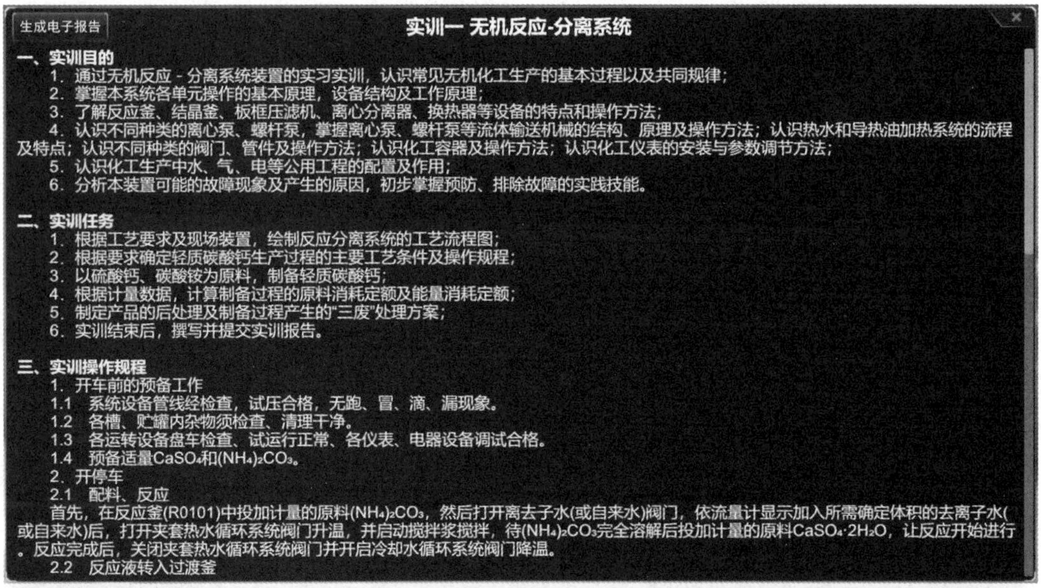
生成电子报告

实训一 无机反应-分离系统

一、实训目的

1. 通过无机反应－分离系统装置的实习实训，认识常见无机化工生产的基本过程以及共同规律；
2. 掌握本系统各单元操作的基本原理，设备结构及工作原理；
3. 了解反应釜、结晶釜、板框压滤机、离心分离器、换热器等设备的特点和操作方法；
4. 认识不同种类的离心泵、螺杆泵，掌握离心泵、螺杆泵等流体输送机械的结构、原理及操作方法；认识热水和导热油加热系统的流程及特点；认识不同种类的阀门、管件及操作方法；认识化工容器及操作方法；认识化工仪表的安装与参数调节方法；
5. 认识化工生产中水、气、电等公用工程的配置及作用；
6. 分析本装置可能的故障现象及产生的原因，初步掌握预防、排除故障的实践技能。

二、实训任务

1. 根据工艺要求及现场装置，绘制反应分离系统的工艺流程图；
2. 根据要求确定轻质碳酸钙生产过程的主要工艺条件及操作规程；
3. 以硫酸钙、碳酸铵为原料，制备轻质碳酸钙；
4. 根据计量数据，计算制备过程的原料消耗定额及能量消耗定额；
5. 制定产品的后处理及制备过程产生的“三废”处理方案；
6. 实训结束后，撰写并提交实训报告。

三、实训操作规程

1. 开车前的预备工作

1.1　系统设备管线经检查，试压合格，无跑、冒、滴、漏现象。

1.2　各槽、贮罐内杂物须检查、清理干净。

1.3　各运转设备盘车检查、试运行正常、各仪表、电器设备调试合格。

1.4　预备适量 $CaSO_4$ 和 $(NH_4)_2CO_3$。

2. 开停车

2.1　配料、反应

首先，在反应釜(R0101)中投加计量的原料 $(NH_4)_2CO_3$，然后打开离去子水(或自来水)阀门，依流量计显示加入所需确定体积的去离子水(或自来水)后，打开夹套热水循环系统阀门升温，并启动搅拌桨搅拌，待 $(NH_4)_2CO_3$ 完全溶解后投加计量的原料 $CaSO_4·2H_2O$，让反应开始进行。反应完成后，关闭夹套热水循环系统阀门并开启冷却水循环系统阀门降温。

2.2　反应液转入过渡釜

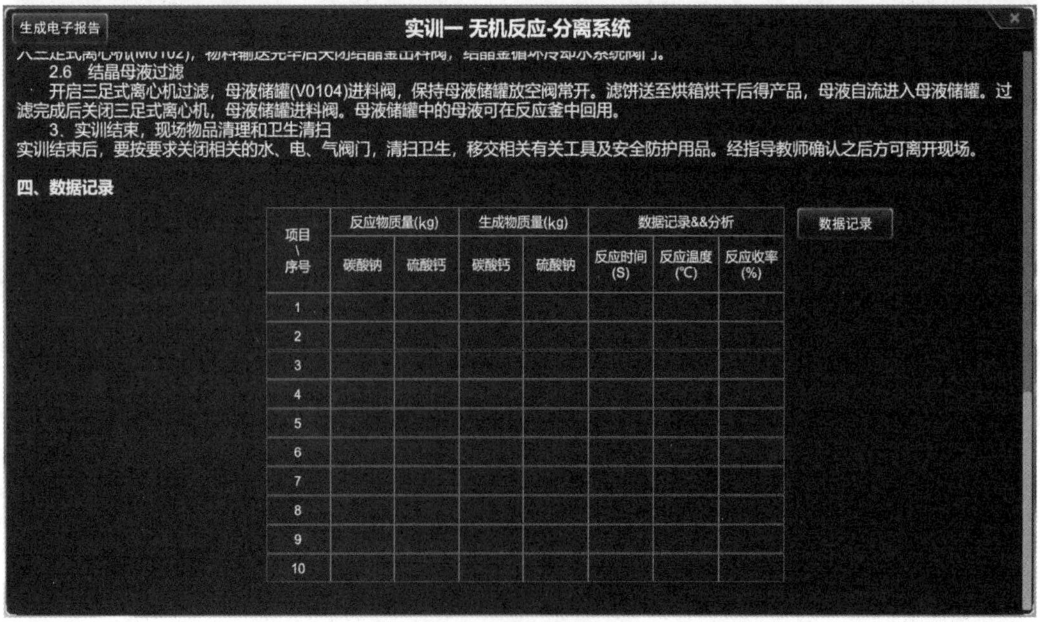
生成电子报告

实训一 无机反应-分离系统

入三足式离心机(M0102)，物料输送完毕后关闭结晶釜出料阀，结晶釜循环冷却水系统阀门。

2.6　结晶母液过滤

开启三足式离心机过滤，母液储罐(V0104)进料阀，保持母液储罐放空阀常开。滤饼送至烘箱烘干后得产品，母液自流进入母液储罐。过滤完成后关闭三足式离心机，母液储罐进料阀。母液储罐中的母液可在反应釜中回用。

3. 实训结束，现场物品清理和卫生清扫

实训结束后，要按要求关闭相关的水、电、气阀门，清扫卫生，移交相关有关工具及安全防护用品。经指导教师确认之后方可离开现场。

四、数据记录

项目\序号	反应物质量(kg)		生成物质量(kg)		数据记录&&分析		
	碳酸钠	硫酸钙	碳酸钙	硫酸钠	反应时间(S)	反应温度(℃)	反应收率(%)
1							
2							
3							
4							
5							
6							
7							
8							
9							
10							

数据记录

图 10－20　实验报告示意图

(5) 查找设备

输入阀门位号，即可查找确定该阀门位置（图 10－21）。

图 10－21　查找设备示意图

(6) 软件设置

设置软件声音效果和画面效果，如图 10－22 所示。

图 10－22　软件设置示意图

(7) 思考题

对思考题进行作答评分，如图 10 - 23 所示。

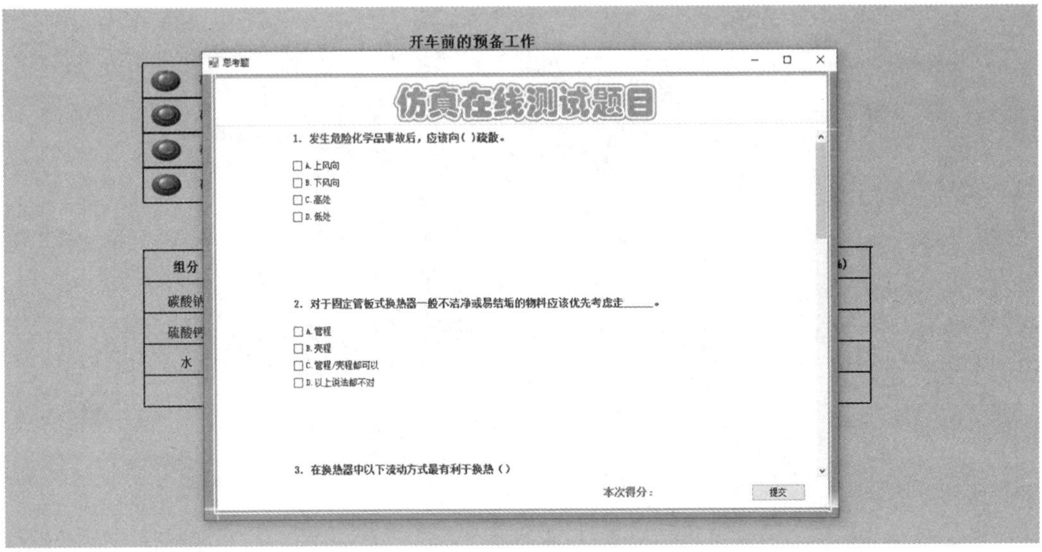

图 10 - 23　思考题示意图

三、有机反应-分离系统硫酸法生产乙酸乙酯虚拟仿真平台

1. 软件启动

安装完软件后，可以通过下述两种方式启动仿真软件。

启动方式一：在桌面点击仿真软件快捷方式，双击后可以运行软件。

启动方式二：进入软件安装目录，找到 PISPNETRun. exe 文件，双击后可以运行。

2. 运行方式

软件启动后，出现如下界面（图 10 - 24），在“教师指令站地址”处输入教师机的 IP 地址或计算机名称。

3. 3D 基本操作说明

按住键盘上的 WSAD 键可控制当前角色进行前后左右移动。按住 SHIFT 的同时按住 WASD 可快速移动。空格跳跃，按住鼠标右键，拖动可进行视角的转动（图 10 - 25）。

图 10 - 24 启动界面示意图

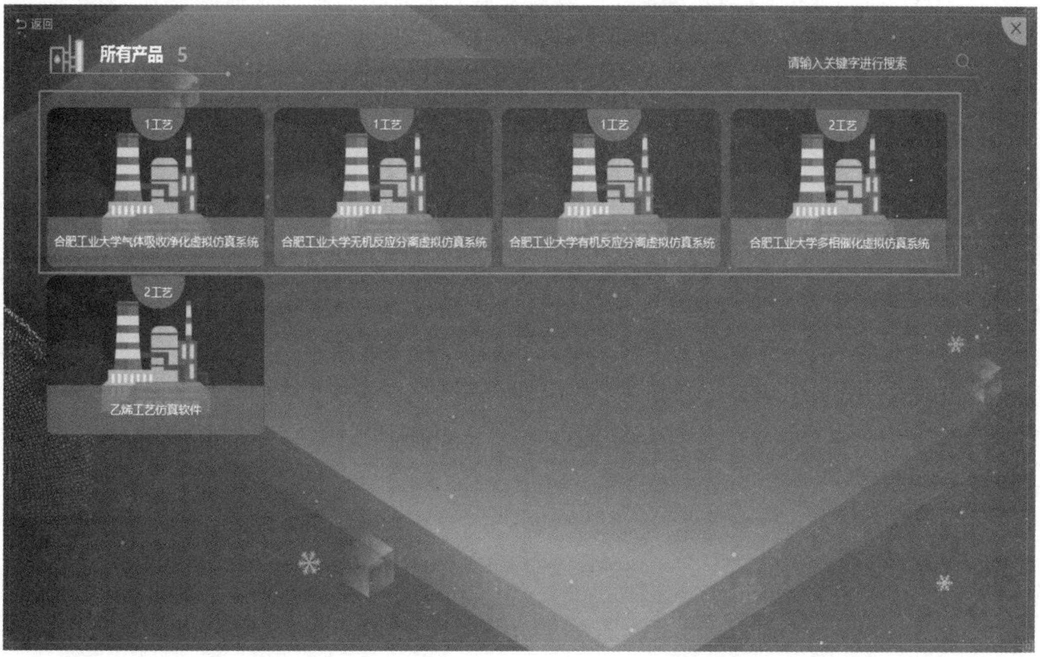

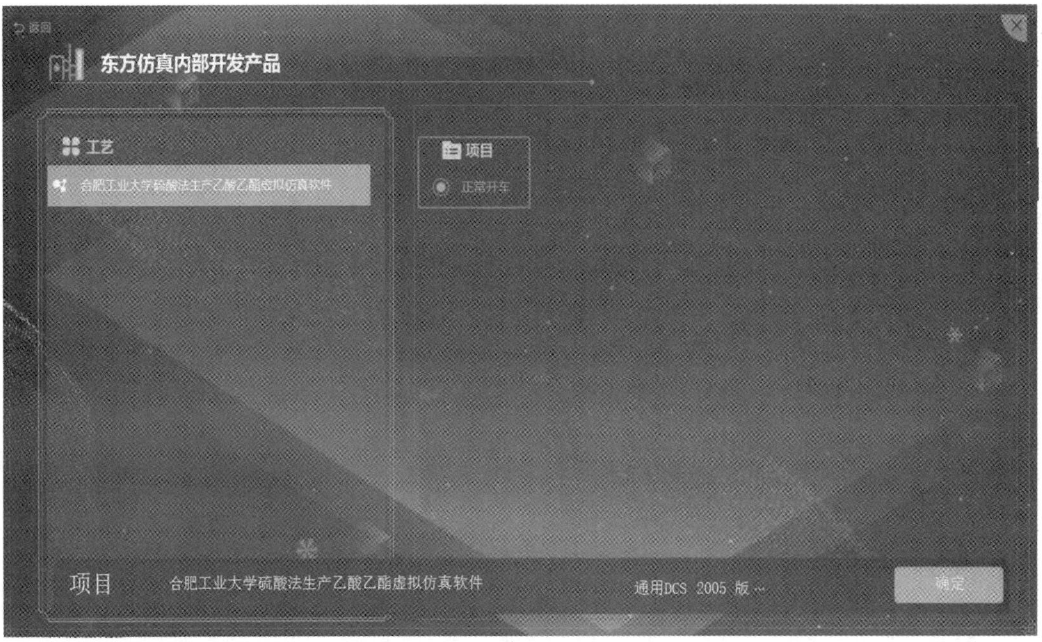

图 10－25　软件内容示意图

4. 主界面认知

在程序加载完相关资源后，出现仿真操作主界面——3D 界面（图 10－26）。

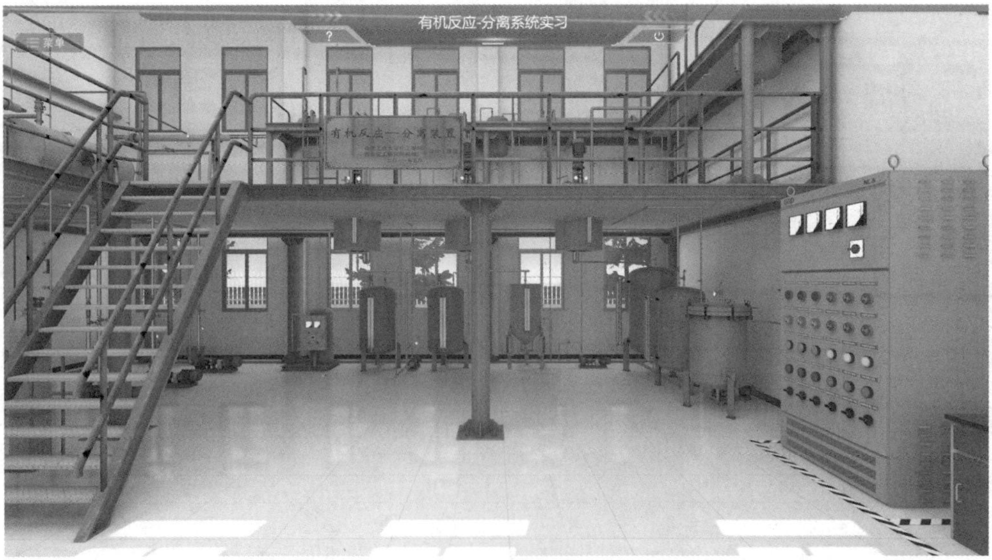

图 10－26　3D 界面示意图

5. 3D 具体操作说明

如图 10－27 所示，菜单功能包括：实验目的、工艺知识、工艺流程、实验报告、查找设备、软件设置和思考题。

图 10－27　菜单界面示意图

（1）实验目的

查看实验目的的内容，点击确认后，开始实验操作，如图 10－28 所示。

图 10－28　实验目的示意图

（2）工艺知识

查看和学习常见化工设备的相关知识，如图 10－29 所示。

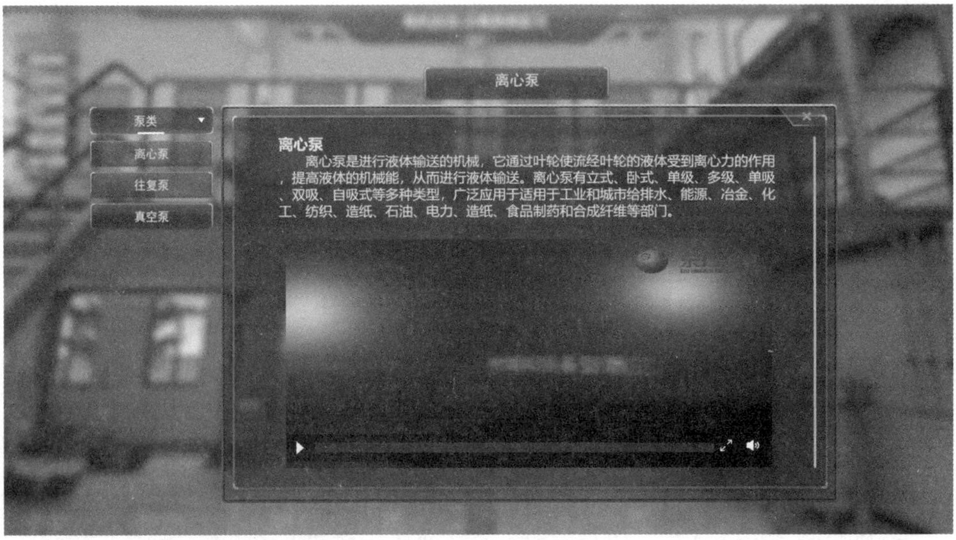

图 10－29　工艺知识示意图

（3）工艺流程

查看和学习工艺流程，如图 10－30 所示。

图 10－30　工艺流程示意图

（4）实验报告

可以通过“报告按钮”形成实验报告形成教学的反馈（图 10－31）。报告包含实训目的、实训任务、操作记录，将操作情况如实反映到实验报告上。

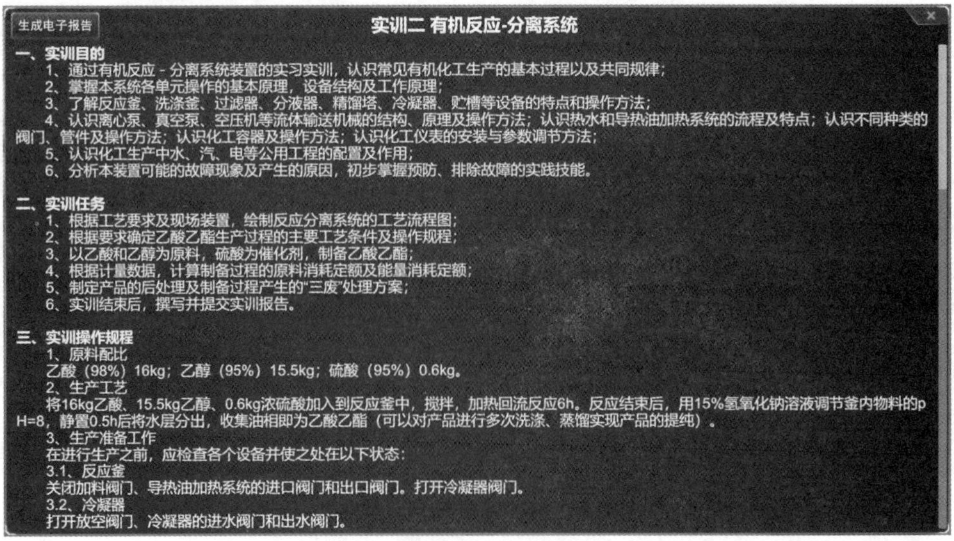
生成电子报告

实训二 有机反应-分离系统

一、实训目的

1、通过有机反应 - 分离系统装置的实习实训，认识常见有机化工生产的基本过程以及共同规律；
2、掌握本系统各单元操作的基本原理，设备结构及工作原理；
3、了解反应釜、洗涤釜、过滤器、分液器、精馏塔、冷凝器、贮槽等设备的特点和操作方法；
4、认识离心泵、真空泵、空压机等流体输送机械的结构、原理及操作方法；认识热水和导热油加热系统的流程及特点；认识不同种类的阀门、管件及操作方法；认识化工容器及操作方法；认识化工仪表的安装与参数调节方法；
5、认识化工生产中水、汽、电等公用工程的配置及作用；
6、分析本装置可能的故障现象及产生的原因，初步掌握预防、排除故障的实践技能。

二、实训任务

1、根据工艺要求及现场装置，绘制反应分离系统的工艺流程图；
2、根据要求确定乙酸乙酯生产过程的主要工艺条件及操作规程；
3、以乙酸和乙醇为原料，硫酸为催化剂，制备乙酸乙酯；
4、根据计量数据，计算制备过程的原料消耗定额及能量消耗定额；
5、制定产品的后处理及制备过程产生的“三废”处理方案；
6、实训结束后，撰写并提交实训报告。

三、实训操作规程

1、原料配比
乙酸（98%）16kg；乙醇（95%）15.5kg；硫酸（95%）0.6kg。
2、生产工艺
将16kg乙酸、15.5kg乙醇、0.6kg浓硫酸加入到反应釜中，搅拌，加热回流反应6h。反应结束后，用15%氢氧化钠溶液调节釜内物料的pH=8，静置0.5h后将水层分出，收集油相即为乙酸乙酯（可以对产品进行多次洗涤、蒸馏实现产品的提纯）。
3、生产准备工作
在进行生产之前，应检查各个设备并使之处在以下状态：
3.1、反应釜
关闭加料阀门、导热油加热系统的进口阀门和出口阀门。打开冷凝器阀门。
3.2、冷凝器
打开放空阀门、冷凝器的进水阀门和出水阀门。

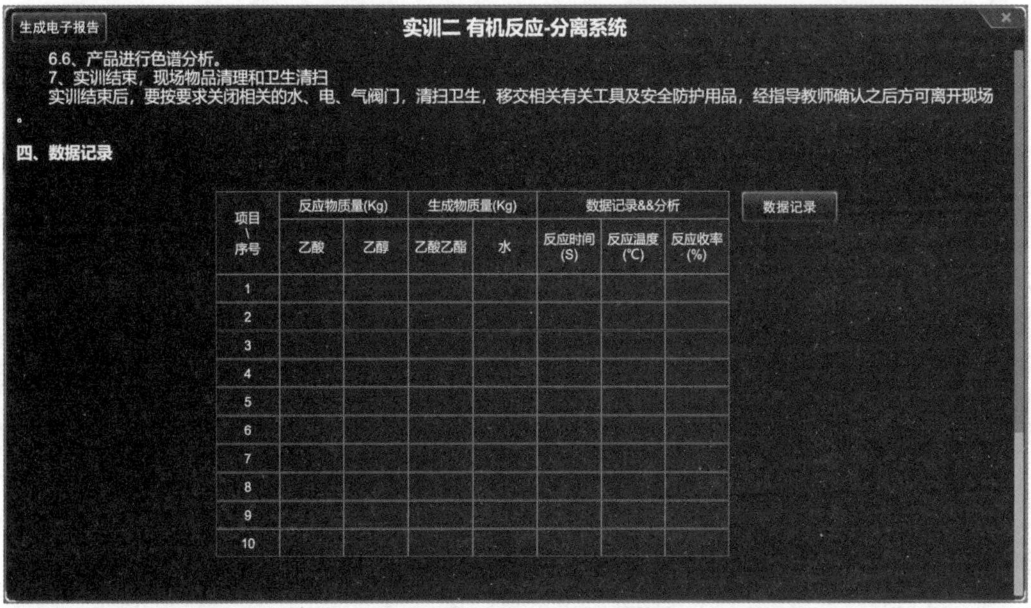

生成电子报告

实训二 有机反应-分离系统

6.6、产品进行色谱分析。
7、实训结束，现场物品清理和卫生清扫
实训结束后，要按要求关闭相关的水、电、气阀门，清扫卫生，移交相关有关工具及安全防护用品，经指导教师确认之后方可离开现场。

四、数据记录

项目\序号	反应物质量(Kg)		生成物质量(Kg)		数据记录&&分析		
	乙酸	乙醇	乙酸乙酯	水	反应时间(S)	反应温度(℃)	反应收率(%)
1							
2							
3							
4							
5							
6							
7							
8							
9							
10							

数据记录

图 10-31 实验报告示意图

(5) 查找设备

输入阀门位号，即可查找确定该阀门位置（图 10-32）。

图 10-32 查找设备示意图

(6) 软件设置

设置软件声音效果和画面效果，如图 10 - 33 所示。

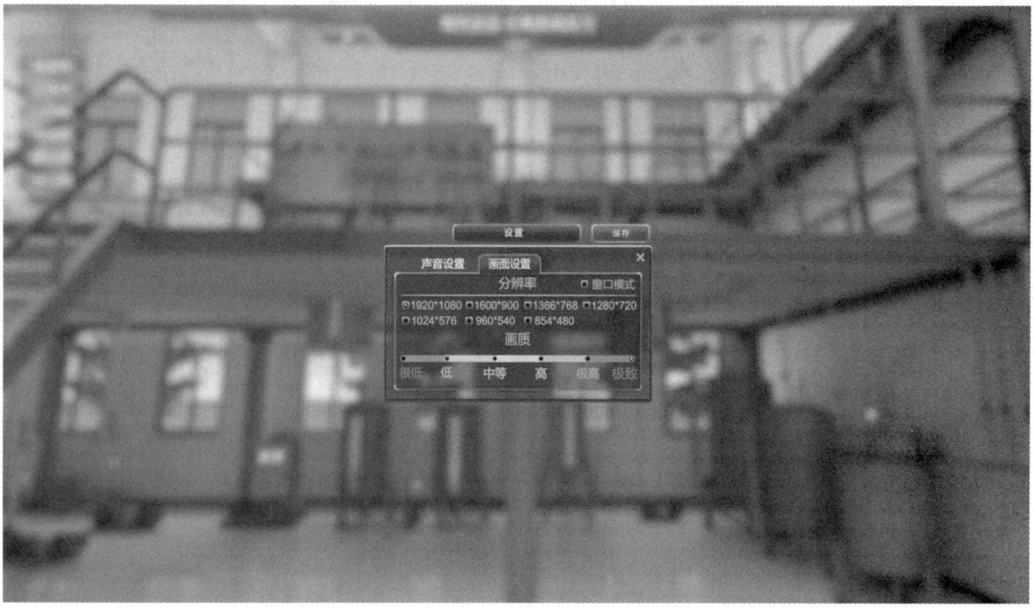

图 10 - 33　软件设置示意图

(7) 思考题

对思考题进行作答评分，如图 10 - 34 所示。

图 10 - 34　思考题示意图

四、气体吸收-解吸净化系统 CO_2 吸收和解吸过程虚拟仿真平台

1. 软件启动

安装完软件后，可以通过下述两种方式启动仿真软件。

启动方式一：在桌面点击仿真软件快捷方式，双击后可以运行软件。

启动方式二：进入软件安装目录，找到 PISPNETRun. exe 文件，双击后可以运行。

2. 运行方式

软件启动后，出现如下界面（图 10－35），在“教师指令站地址”处输入教师机的 IP 地址或计算机名称。

图 10－35　启动界面示意图

3. 主界面认知

在程序加载完相关资源后，出现仿真操作主界面——3D 界面（图 10－36）。

4. 3D 基本操作说明

按住键盘上的 WSAD 键可控制当前角色进行前后左右移动。按住 SHIFT 的同时按住 WASD 可快速移动。空格跳跃，按住鼠标右键，拖动可进行视角的转动（图 10－37）。

图 10－36　3D 界面示意图

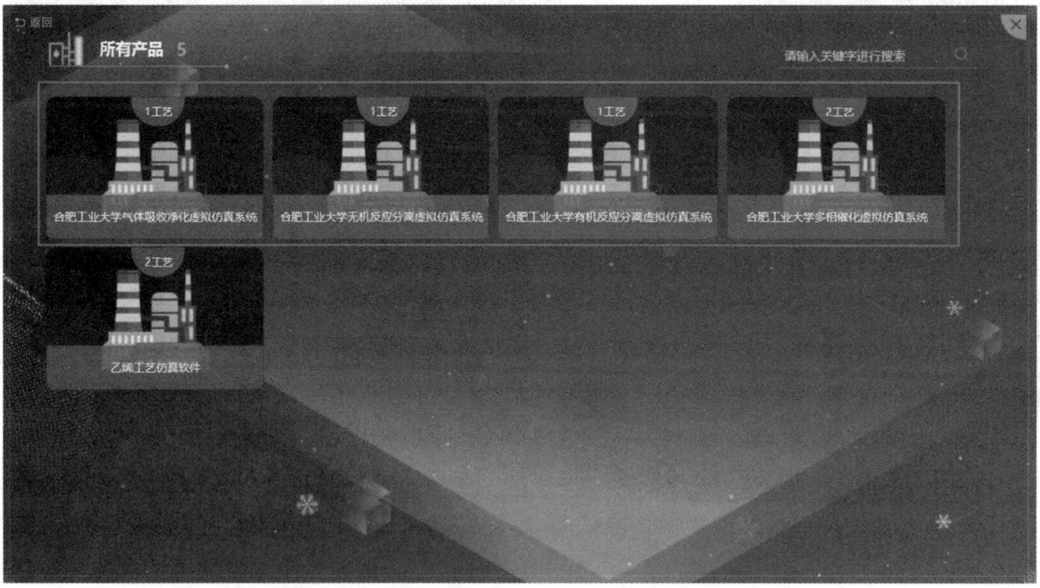

图 10－37　软件内容示意图

5. 3D 具体操作说明

如图 10－38 所示，菜单功能包括：实验目的、工艺知识、工艺流程、实验报告、查找设备、软件设置和思考题。

图 10-38 菜单界面示意图

（1）实验目的

查看实验目的的内容，点击确认后，开始实验操作，如图 10-39 所示。

图 10-39 实验目的示意图

（2）工艺知识

查看和学习常见化工设备的相关知识，如图 10-40 所示。

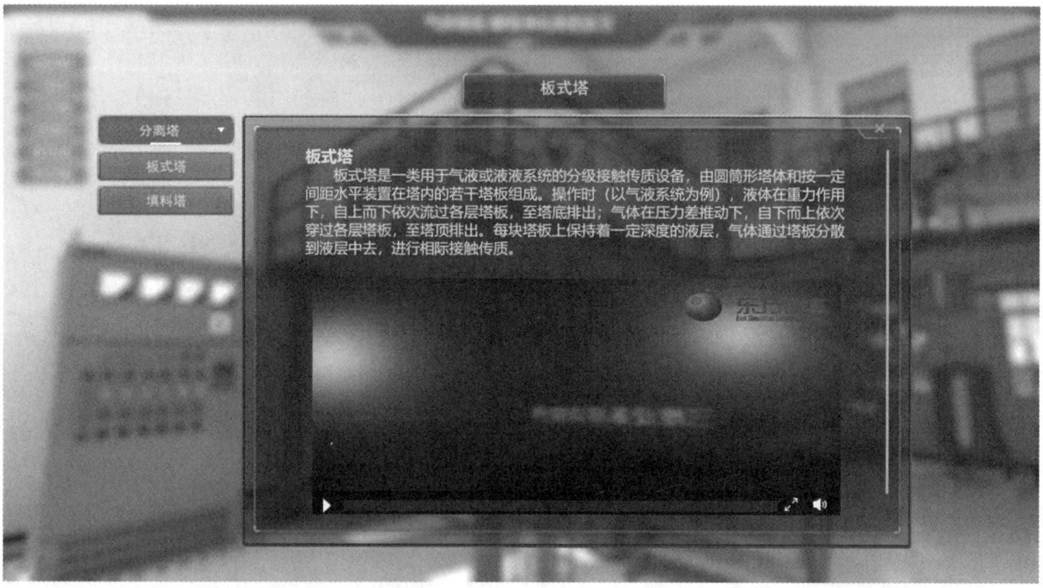

图 10－40　工艺知识示意图

（3）工艺流程

查看和学习工艺流程，如图 10－41 所示。

图 10－41　工艺流程示意图

（4）实验报告

可以通过“报告按钮”形成实验报告形成教学的反馈。报告包含实训目的、实训任务、操作记录，将操作情况如实反映到实验报告上（图 10－42）。

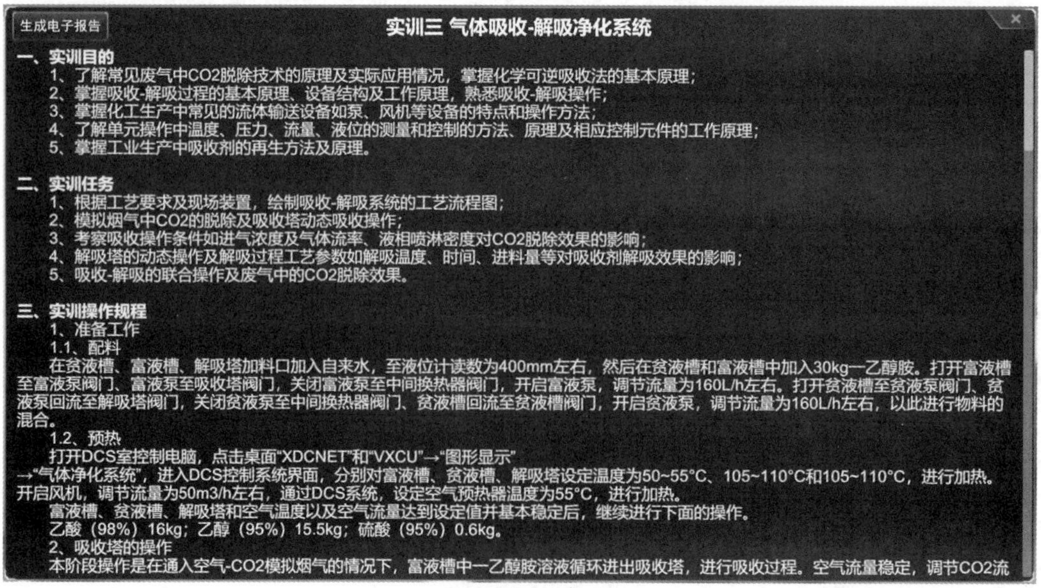

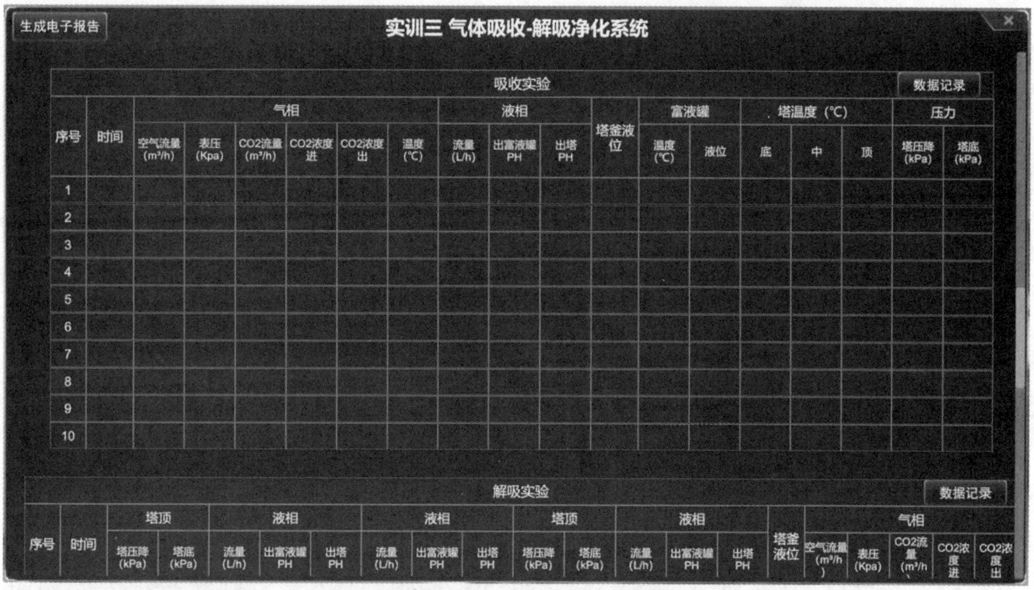

图 10－42　实验报告示意图

（5）查找设备

输入阀门位号，即可查找确定该阀门位置（图 10－43）。

图 10－43　查找设备示意图

（6）软件设置

设置软件声音效果和画面效果（图 10-44）。

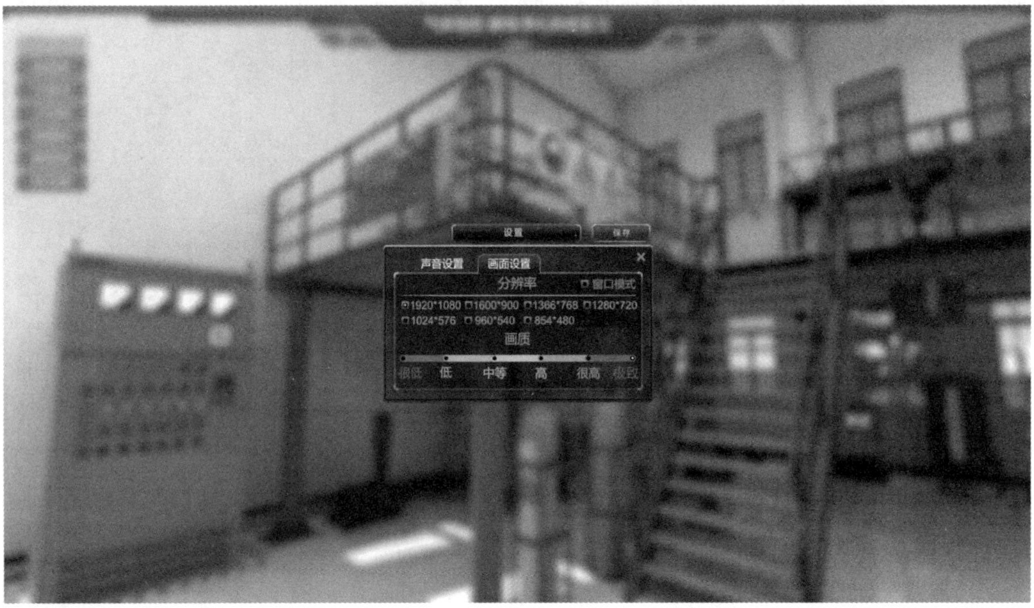

图 10-44 软件设置示意图

（7）思考题

对思考题进行作答评分（图 10-45）。

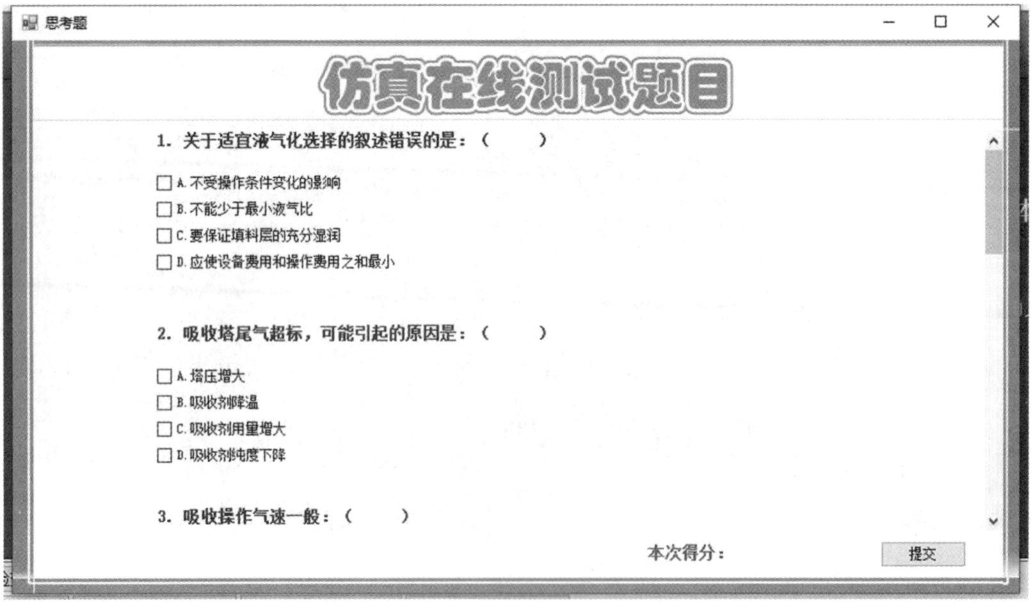

图 10-45 思考题示意图

五、多相催化反应-固定床系统工业烟气 SCR 法脱硝虚拟仿真平台

1. 软件启动

安装完软件后，可以通过下述两种方式启动仿真软件。

启动方式一：在桌面点击仿真软件快捷方式，双击后可以运行软件。

启动方式二：进入软件安装目录，找到 PISPNETRun. exe 文件，双击后可以运行。

2. 运行方式

软件启动后，出现如下界面（图 10－46），在“教师指令站地址”处输入教师机的 IP 地址或计算机名称。

图 10－46 启动界面示意图

3. 主界面认知

在程序加载完相关资源后，出现仿真操作主界面——3D 界面（图 10－47）。

4. 3D 基本操作说明

按住键盘上的 WSAD 键可控制当前角色进行前后左右移动。按住 SHIFT 的同时按住 WASD 可快速移动。空格跳跃，按住鼠标右键，拖动可进行视角的转动（图 10－48）。

图 10-47　3D 界面示意图

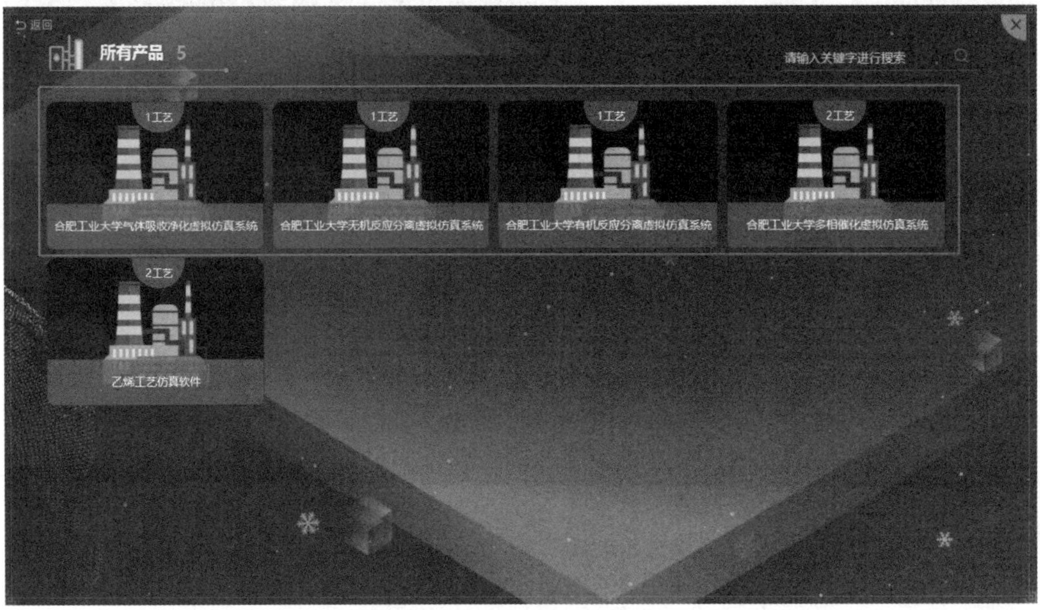

图 10-48　软件内容示意图

5. 3D 具体操作说明

如图 10-49 所示，菜单功能包括：实验目的、工艺知识、工艺流程、实验报告、查找设备和软件设置。

图 10-49 菜单界面示意图

（1）实验目的

查看实验目的的内容，点击确认后，开始实验操作，如图 10-50 所示。

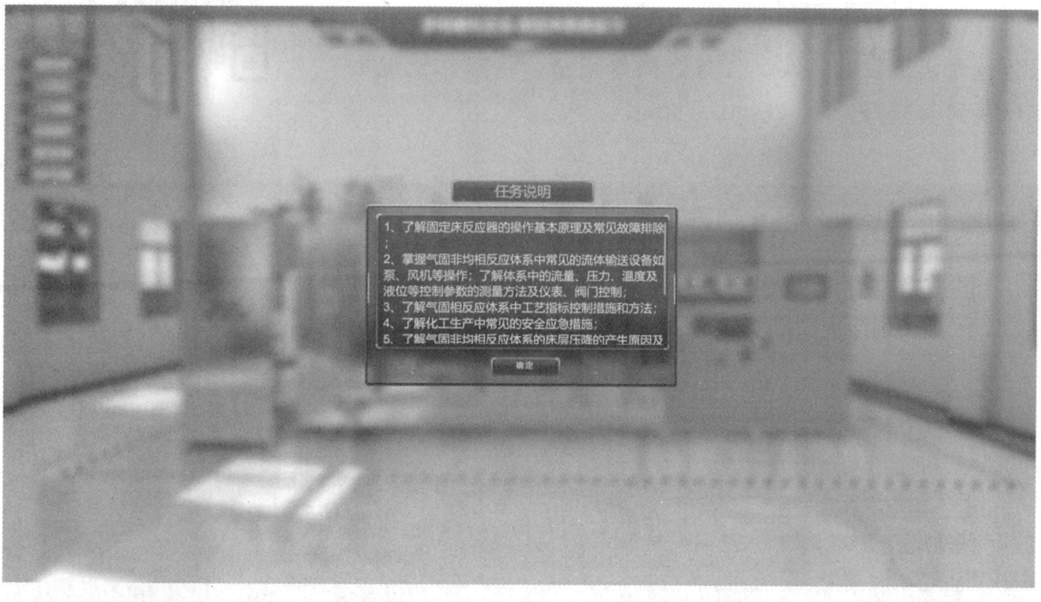

图 10-50 实验目的示意图

（2）工艺知识

查看和学习常见化工设备的相关知识，如图 10-51 所示。

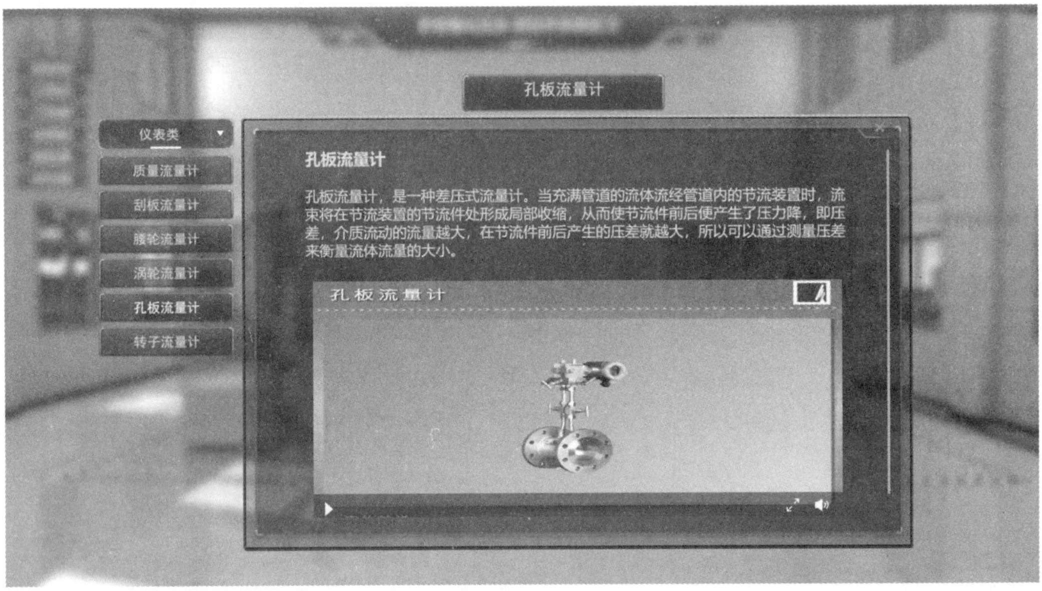

图 10－51　工艺知识示意图

（3）工艺流程

查看和学习工艺流程，如图 10－52 所示。

图 10－52　工艺流程示意图

（4）实验报告

可以通“报告按钮”形成实验报告形成教学的反馈。报告包含实训目的、实训任务、操作记录，将操作情况如实反映到实验报告上（图 10－53）。

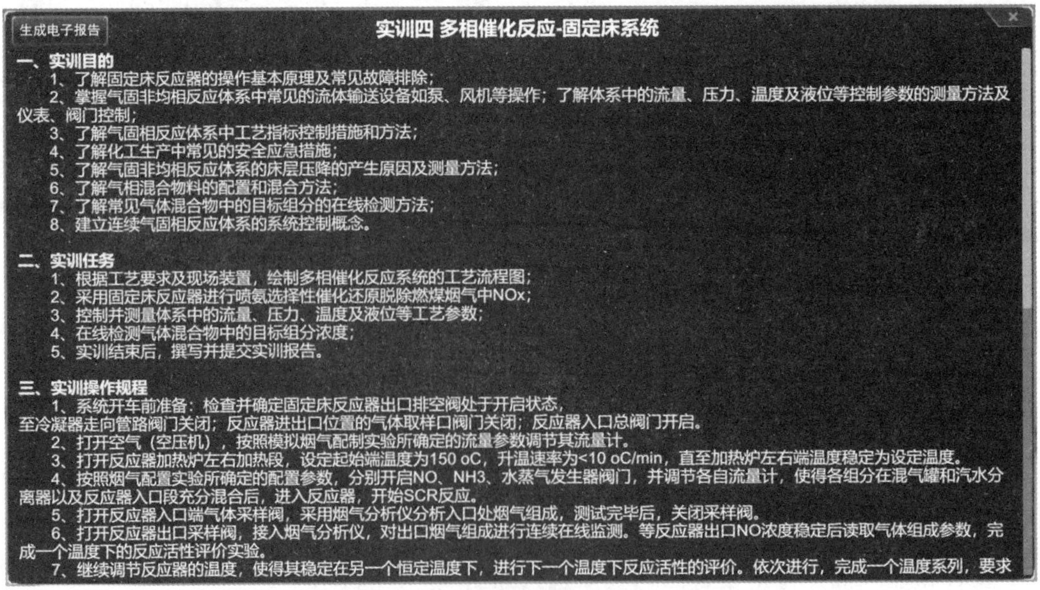

生成电子报告

实训四 多相催化反应-固定床系统

一、实训目的

1、了解固定床反应器的操作基本原理及常见故障排除；
2、掌握气固非均相反应体系中常见的流体输送设备如泵、风机等操作；了解体系中的流量、压力、温度及液位等控制参数的测量方法及仪表、阀门控制；
3、了解气固相反应体系中工艺指标控制措施和方法；
4、了解化工生产中常见的安全应急措施；
5、了解气固非均相反应体系的床层压降的产生原因及测量方法；
6、了解气相混合物料的配置和混合方法；
7、了解常见气体混合物中的目标组分的在线检测方法；
8、建立连续气固相反应体系的系统控制概念。

二、实训任务

1、根据工艺要求及现场装置，绘制多相催化反应系统的工艺流程图；
2、采用固定床反应器进行喷氨选择性催化还原脱除燃煤烟气中NOx；
3、控制并测量体系中的流量、压力、温度及液位等工艺参数；
4、在线检测气体混合物中的目标组分浓度；
5、实训结束后，撰写并提交实训报告。

三、实训操作规程

1、系统开车前准备：检查并确定固定床反应器出口排空阀处于开启状态，至冷凝器走向管路阀门关闭；反应器进出口位置的气体取样口阀门关闭；反应器入口总阀门开启。
2、打开空气（空压机），按照模拟烟气配制实验所确定的流量参数调节其流量计。
3、打开反应器加热炉左右加热段，设定起始端温度为150 oC，升温速率为<10 oC/min，直至加热炉左右端温度稳定为设定温度。
4、按照烟气配置实验所确定的配置参数，分别开启NO、NH3、水蒸气发生器阀门，并调节各自流量计，使得各组分在混气罐和汽水分离器以及反应器入口段充分混合后，进入反应器，开始SCR反应。
5、打开反应器入口端气体采样阀，采用烟气分析仪分析入口处烟气组成，测试完毕后，关闭采样阀。
6、打开反应器出口采样阀，接入烟气分析仪，对出口烟气组成进行连续在线监测。等反应器出口NO浓度稳定后读取气体组成参数，完成一个温度下的反应活性评价实验。
7、继续调节反应器的温度，使得其稳定在另一个恒定温度下，进行下一个温度下反应活性的评价。依次进行，完成一个温度系列，要求

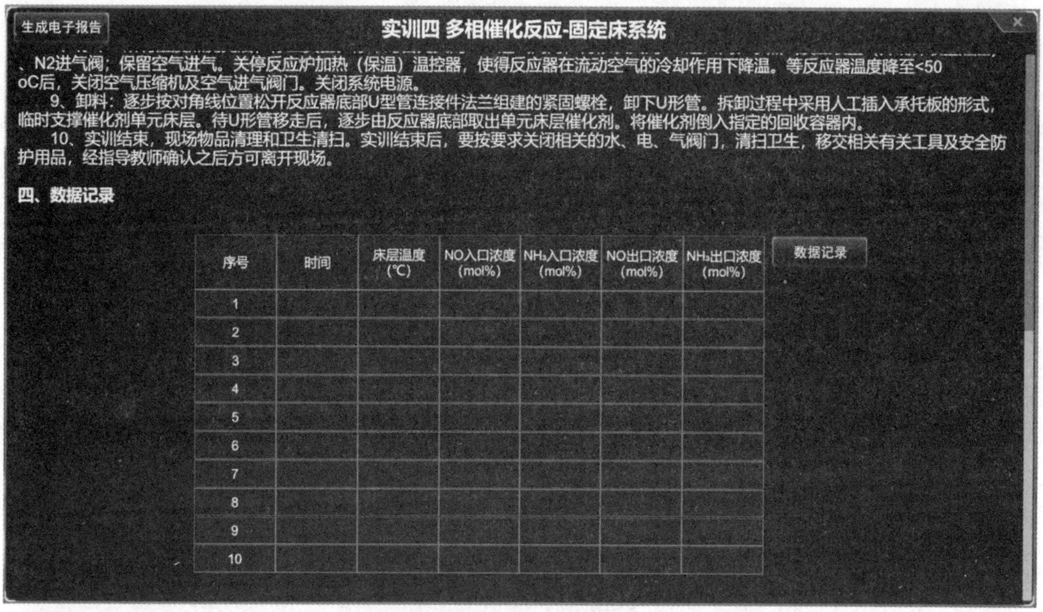

图 10－53　实验报告示意图

（5）查找设备

输入阀门位号，即可查找确定该阀门位置（图 10－54）。

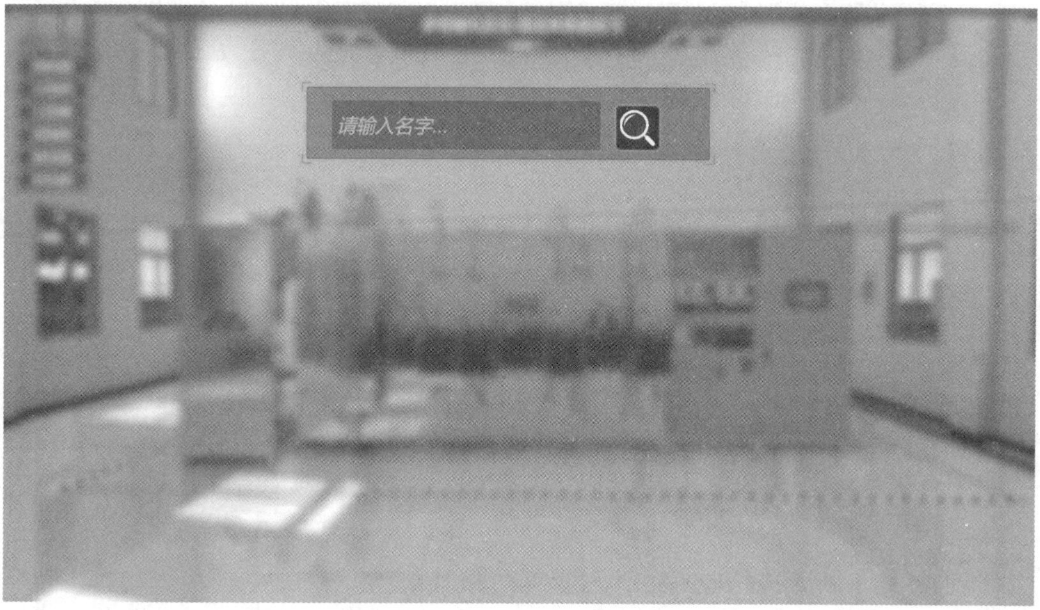

图 10－54　查找设备示意图

(6) 软件设置

设置软件声音效果和画面效果（图 10－55）。

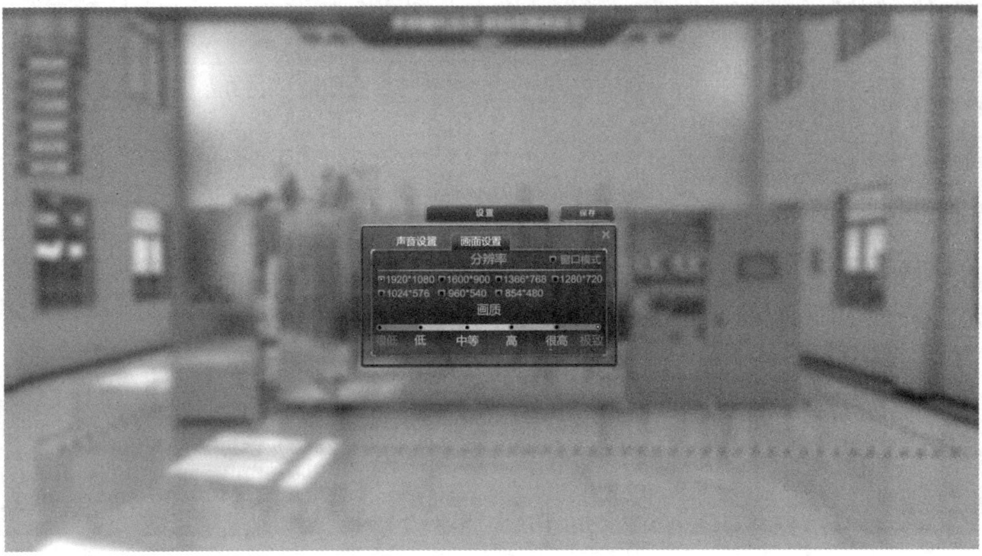

图 10－55　软件设置示意图

(7) 思考题

对思考题进行作答评分（图 10－56）。

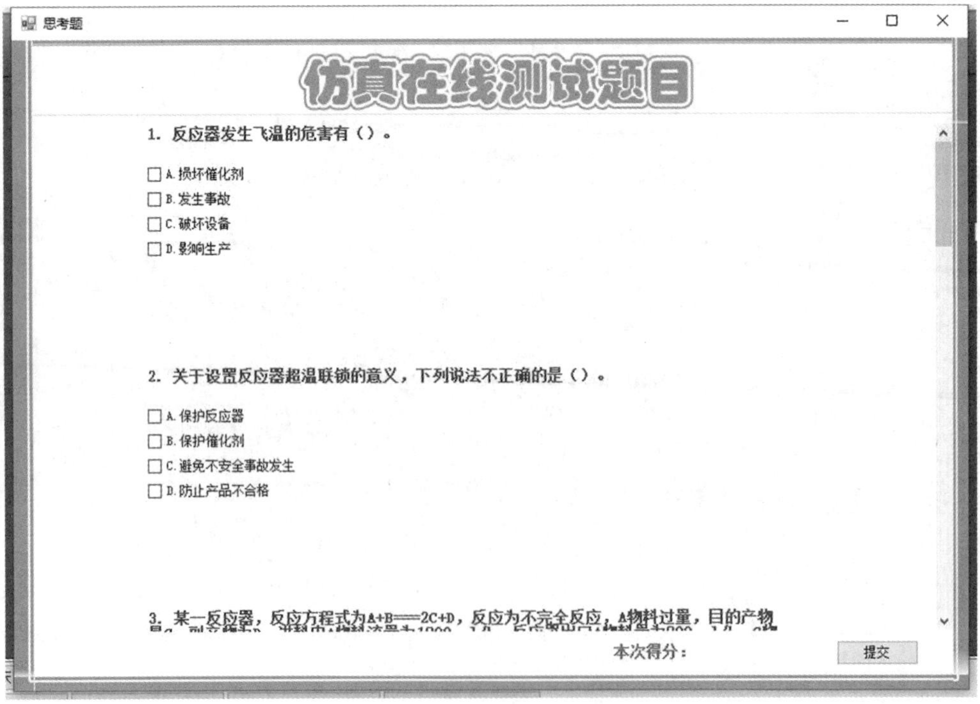

图 10－56　思考题示意图

六、多相催化反应-流化床系统流化床生物质催化气化虚拟仿真平台

1. 软件启动

安装完软件后，可以通过下述两种方式启动仿真软件。

启动方式一：在桌面点击仿真软件快捷方式，双击后可以运行软件。

启动方式二：进入软件安装目录，找到 PISPNETRun.exe 文件，双击后可以运行。

2. 运行方式

软件启动后，出现如下界面（图 10－57），在“教师指令站地址”处输入教师机的 IP 地址或计算机名称。

图 10－57　启动界面示意图

3. 主界面认知

在程序加载完相关资源后，出现仿真操作主界面——3D 界面（图 10－58）。

4. 3D 基本操作说明

按住键盘上的 WSAD 键可控制当前角色进行前后左右移动。按住 SHIFT 的同时按住 WASD 可快速移动。空格跳跃，按住鼠标右键，拖动可进行视角的转动（图 10－59）。

图 10 - 58　3D 界面示意图

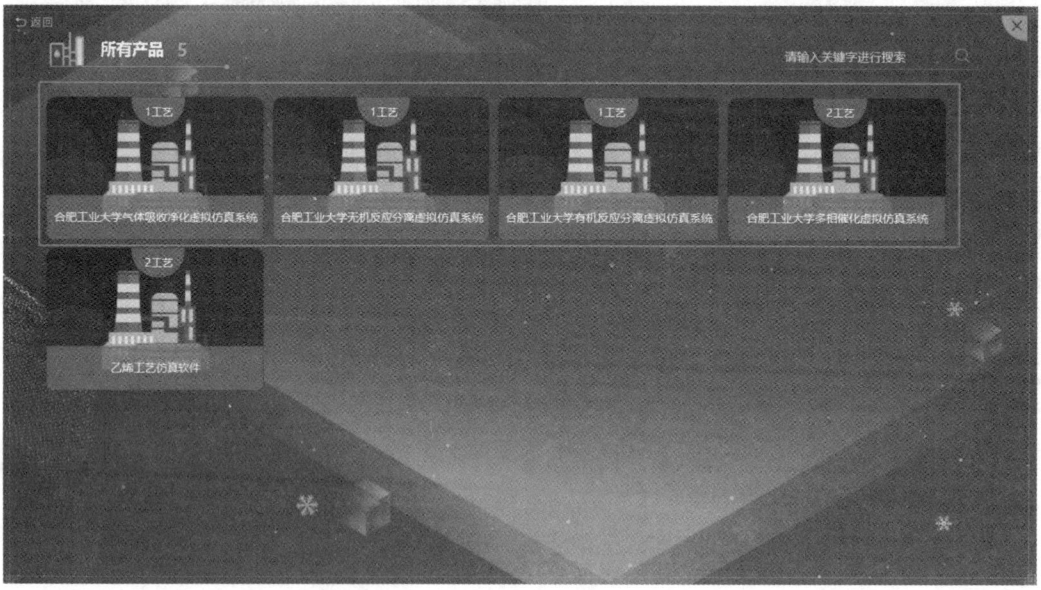

图 10 - 59　软件内容示意图

5. 3D 具体操作说明

如图所示，菜单功能包括：实验目的、工艺知识、工艺流程、实验报告、查找设备和软件设置（图 10 - 60）。

图 10 - 60　菜单界面示意图

（1）实验目的

查看实验目的的内容，点击确认后，开始实验操作（图 10 - 61）。

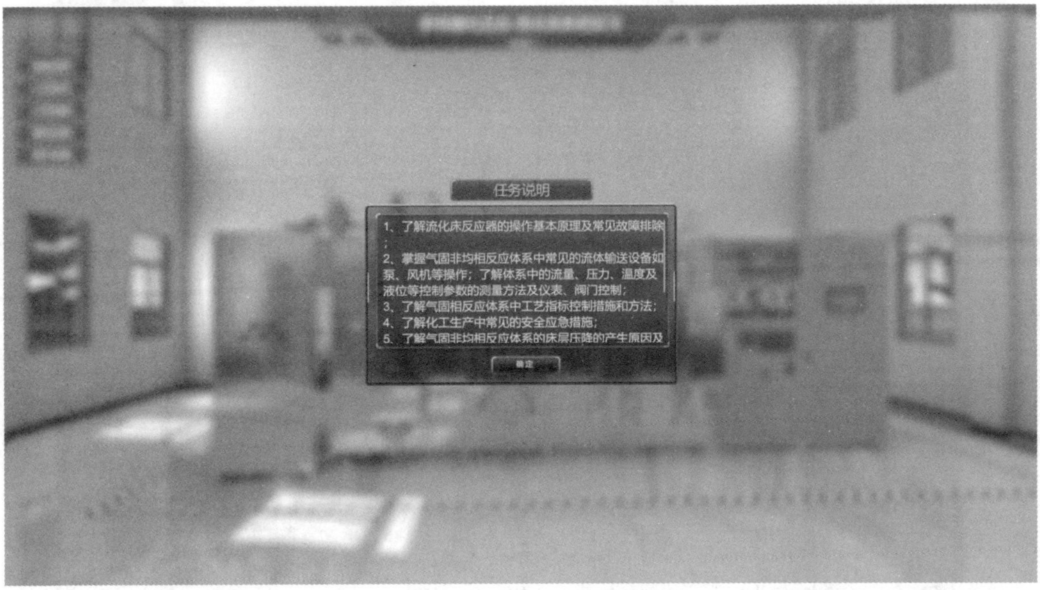

图 10 - 61　实验目的示意图

（2）工艺知识

查看和学习常见化工设备的相关知识（图 10 - 62）。

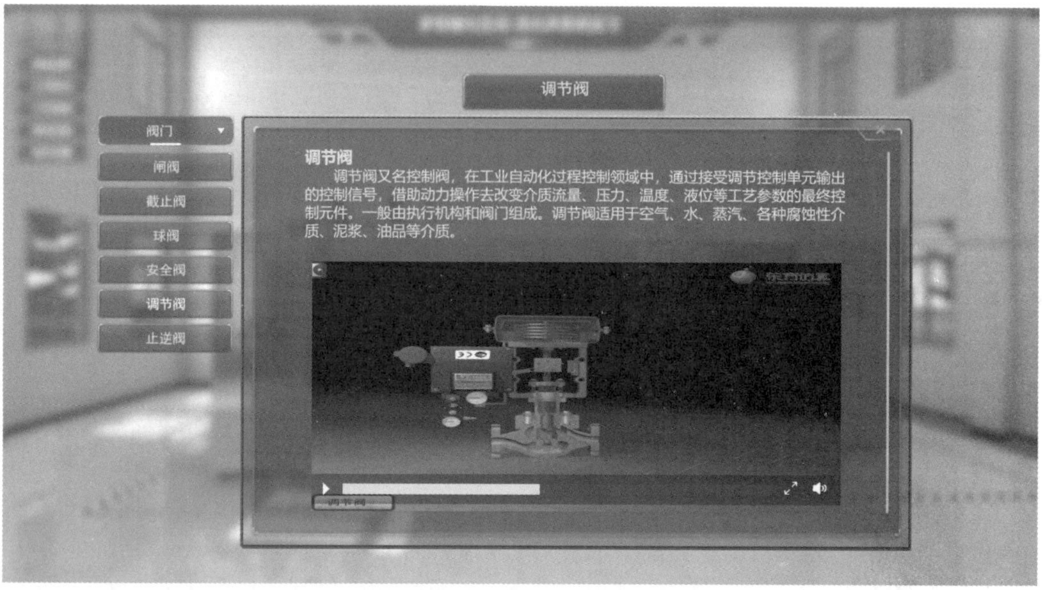

图 10－62　工艺知识示意图

（3）工艺流程

查看和学习工艺流程（图 10－63）。

（4）查找设备

输入阀门位号，即可查找确定该阀门位置（图 10－64）。

图 10－63　工艺流程示意图

图 10－64　查找设备示意图

(5) 软件设置

设置软件声音效果和画面效果（图 10-65）。

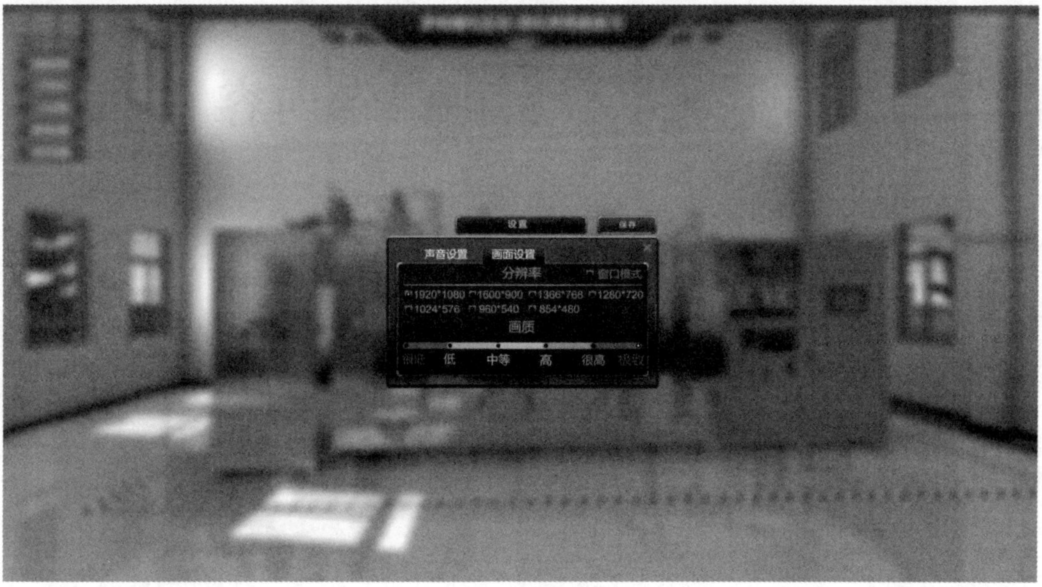

图 10-65 软件设置示意图

第十一章　实训报告内容

一、管路拆装训练（基础知识）

（1）实训目标
（2）实训任务
（3）实训内容
（4）数据记录及处理
（5）误差分析
（6）总结
（7）思考题
（8）附录（包括两张图，一份数据记录表，要求有老师签字）

二、胶水生产实训（或多功能精细化工实训系统）（基础知识）

（1）实训目的
（2）实训任务
（3）实训内容
（4）工艺操作过程
（5）总结
（6）附录（包括绘制的工艺流程图、相关实训数据记录和产品分析的记录，要有老师签字）

三、气体吸收-解吸净化系统（或多相催化反应评价系统）

（1）实训目的
（2）实训任务
（3）实训内容
（4）工艺操作过程
（5）数据记录及结果分析

（6）总结与建议

（7）附录（包括绘制的工艺流程图、相关实训数据记录和产品分析的记录，要有老师签字）

四、无机反应-分离系统（或有机反应-分离系统）

（1）实训目的

（2）实训任务

（3）实训内容

（4）工艺操作过程

（5）数据记录及结果分析

（6）总结与建议

（7）附录（包括绘制的工艺流程图、相关实训数据记录和产品分析的记录，要有老师签字）

五、虚拟仿真操作

六、实训体会与建议

参考文献

[1] 梁志武，高红霞，李江胜，等．化工安全与环保［M］．北京：化学工业出版社，2022.

[2] 赵劲松，粟镇宇，贺丁，等．化工过程安全管理［M］．北京：化学工业出版社，2021.

[3] 徐宝东．化工管路设计手册［M］．北京：化学工业出版社，2018.

[4] 王绍良．化工设备基础［M］．北京：化学工业出版社，2020.

[5] 刘有智．化工过程强化方法与技术［M］．北京：化学工业出版社，2017.

[6] 姜国平，刘海，靳菲，等．化工实训［M］．北京：化学工业出版社，2018.

[7] 董凯，肖瑞瑞，丛兴顺．化工专业实验与实训［M］．北京：化学工业出版社，2021.

[8] 莫桂娣，洪晓瑛，刘兰．化学工程与工艺专业工程实训［M］．北京：中国石化出版社，2019.

[9] 程海涛．化工单元操作综合实训［M］．北京：化学工业出版社，2018.

[10] 侯影飞．化工仿真实训教程［M］．北京：中国石化出版社，2015.

[11] 中华人民共和国国家质量监督检验检疫总局，中国国家标准化管理委员会．危险化学品储存通则（GB 15603—2022）［S］．北京：中国标准出版社，2022.

[12] 中华人民共和国国家质量监督检验检疫总局，中国国家标准化管理委员．中国危险货物包装标志（GB 190—2009）［S］．北京：中国标准出版社，2009.

[13] 中华人民共和国国家建筑材料工业局，中国国家建筑材料工业局标准化研究所．水溶性聚乙烯醇缩甲醛胶粘剂（JC 438—91）［S］．北京：中国建材工业出版社，1991.

[14] 中华人民共和国国家质量监督检验检疫总局，中国国家标准化管理委员．给水排水制图标准（GB/T 50106—2001）［S］．北京：中国标准出版社，2001.

[15] 中华人民共和国国家质量监督检验检疫总局，中国国家标准化管理委员．碳酸钙分析方法（GB/T 19281—2014）［S］．北京：中国标准出版社，2014.

化工技能训练任务书

专业________________ 班级________________ 姓名________________

实训时间：

指导教师：

实训任务：化工工程实训技能训练

1. 安全教育

学习有关化工生产的相关安全知识，掌握化工工程实训有关安全方面的要求。

2. 胶水生产实训（或多功能精细化工实训系统）

（1）熟悉工艺流程，现场绘制流程示意图，并进行冷模实验，了解生产方案的设定。

（2）根据生产方案生产出水溶性聚乙烯醇缩甲醛胶水（或精细化工产品）。

（3）同时进行实验室小试对比。

（4）对产品进行质量检测和灌装。

3. 管路拆装训练

（1）学习相关的管路知识，熟悉管路加工工具的使用方法。

（2）学会看懂配管图，并按照老师给定的配管图安装管路。

（3）按照指导老师提出的要求，自行设计管路，并绘制配管图。

（4）安装自行设计的管路，并根据管路的实际布置计算管路系统的压降损失，与实际测量值进行比较。

4. 气体吸收-解吸净化系统（或多相催化反应评价系统）

（1）熟悉工艺流程，现场绘制流程示意图，并进行空气通路实验，了解实训方案的设定。

（2）根据实训方案对效果进行评价。

（3）控制不同变量因素进行实训。

（4）作图对实训结果进行分析。

5. 无机反应-分离系统（或有机反应-分离系统）

（1）熟悉工艺流程，现场绘制流程示意图，并进行冷模实验，了解生产方案的设定。

（2）根据生产方案生产出碳酸钙（或乙酸乙酯）。

（3）掌握生产工艺调节与控制。

（4）对产品进行质量检测和表征。

6. 完成虚拟仿真操作系统

7. 实训答辩，完成实训报告